Die Grundgesetze
der Wärmeleitung

und ihre Anwendung auf plattenförmige Körper

Von

Fritz Krauss

Ingenieur, beh. aut. Inspektor der Dampfkesseluntersuchungs-
und Versicherungs-Gesellschaft a. G. in Wien

Mit 37 Textfiguren

Berlin
Verlag von Julius Springer
1917

ISBN-13: 978-3-642-89982-9   e-ISBN-13: 978-3-642-91839-1
DOI: 10.1007/978-3-642-91839-1

Vorwort.

Bei den Berechnungen, welche den Durchgang der Wärme durch Gefäßwände oder durch andere plattenförmige Körper zum Gegenstande haben, vernachlässigt man in der technischen Praxis zumeist den Unterschied, der zwischen dem tatsächlichen Verlaufe der Vorgänge und dem stationären Zustande besteht, und bei Versuchen betrachtet man diesen sogenannten „Beharrungszustand" als erreicht, wenn die Ablesungen der zu den Erhebungen benützten Instrumente konstant geworden sind oder gleichgroße Schwankungen um Mittelwerte erkennen lassen. Die Erscheinungen, welche der Erreichung dieses „Beharrungszustandes" vorhergehen, bilden verhältnismäßig selten den Gegenstand von Ermittlungen.

Immerhin ergibt sich mitunter die Notwendigkeit, auch den Vorgängen während der Inbetriebsetzungsarbeiten von Dampfkesseln und Apparaten näherzutreten und Untersuchungen anzustellen, ob die in den einzelnen Fällen gemachten Voraussetzungen zutreffend sein können. Den unmittelbaren Anlaß zur vorliegenden Studie gab die Beurteilung eines für Zwecke der chemischen Industrie erbauten großen Kochers aus Gußeisen von 200 mm Wandstärke, der für direkte Feuerung eingerichtet war und unter hohem inneren Druck betrieben werden sollte. Dabei konnten Erwägungen über die Vorgänge während der Anheizperiode nicht unberücksichtigt bleiben, weil die Materialbeanspruchung mit der jeweiligen Temperaturverteilung in unmittelbarem Zusammenhange steht. Auch für zahlreiche andere Gegenstände der Feuerungstechnik sind die den Beharrungszuständen zeit-

*

lich vorhergehenden Erwärmungserscheinungen von hinreichender Wichtigkeit, eine eingehendere Beschäftigung mit den Wärmeleitungsproblemen zu rechtfertigen.

Aber die in den verbreiteten Lehrbüchern der Physik gegebenen Bearbeitungen der von Fourier entwickelten Theorie der Wärmeleitung sind im allgemeinen wenig geeignet, unmittelbare Anwendung auf technische Probleme zu gestatten; ihre Beispiele haben zumeist nur subtile Versuche in physikalischen Laboratorien oder technischen Gesichtskreisen einigermaßen entrückte kosmische Vorgänge, die säkulare Abkühlung der Erde u. dgl. zum Gegenstande

Die in vorliegender Schrift auf Vorgänge in plattenförmigen Körpern beschränkte Darstellung knüpft an näherliegende Aufgaben an, aus deren me ziffermäßig angegebenen Voraussetzungen die al einen mathematischen Beziehungen entwickelt werden. Dabei ergab sich mitunter die Gelegenheit, einigen für das Studium der Erscheinungen der Wärmeübertragung **wichtigen Begriffen näherzutreten** und manche geläufige Vorstellung **auf ihre eigentliche Bedeutung zurückzuführen. Die erste Fassung dieser** Arbeit ist in der „Zeitschrift der Dampfkesseluntersuchungs- und Versicherungs-Gesellschaft a. G.", 41. Jahrg., 1916, Nr. 7—12, **unter dem** Titel „Betrachtungen über die Bewegung **der Wärme"** erschienen.

Wien, 1. Februar 1917.   *Der Verfasser.*

Inhalts-Verzeichnis.

Berichtigungen.

Seite 80, Zeile 4: statt Fig. 33 lies Fig. 34;
„　96,　„　17:　„　„　36　„　„　37.

Erstes Kapitel.

Von der Geschwindigkeit, mit welcher sich die
Wärme bei ihrer Übertragung von einem Körper zum
anderen und somit von einem Orte zum anderen be-
wegt, ist bei der Betrachtung der Gesetze, welche
diese Übertragung beherrschen, fast niemals die Rede.
Nur wenige Autoren sind aufrichtig genug, dem ihnen
durch die Unterdrückung eines mit den Vorstellungen
von Bewegung und Strömung unzertrennlichen Be-
griffes bereiteten Unbehagen insoweit Ausdruck zu
verleihen, als sie die Beiseitesetzung einer für mög-
lichst hypothesenfreie Darstellung allerdings recht
hinderlichen Größe zu begründen trachten. So heißt
es beispielsweise in einem berühmten Werk über die
Theorie der Wärme:

„Wenn wir die Bewegung einer stofflichen Substanz beschreiben,
so fassen wir einzelne materielle Punkte ins Auge, welche während
der Fortbewegung identisch bleiben; die aufeinanderfolgenden Orte
in der wechselnden Zeit bilden die Bahn eines materiellen Teilchens;
in jedem Augenblick kommt ihm eine bestimmte Geschwindigkeit zu.
Wenn nun auch die Vorstellung der Wärme als eines substantiellen
Agens in vieler Hinsicht zutrifft, so fragt es sich doch, ob wir von
einer Fortleitung von einzelnen Teilchen dieses Agens reden dürfen.
Dazu haben wir in der Tat keine Berechtigung; denn wir haben kein
Mittel, um einzelne ‚Wärmepunkte' als solche einzeln zu erkennen
und in ihrer Bewegung zu verfolgen; es hat also auch keinen Sinn,
von einer Geschwindigkeit der Wärmeteilchen zu sprechen, da wir
überhaupt nicht wissen, ob solche existieren. Auch das wird uns den
Schluß nahelegen, daß die Wärme wahrscheinlich überhaupt kein
stoffliches Agens ist, wenn sie auch in einem bestimmten Tat-
sachenbereich sich wie eine unzerstörbare Substanz verhält. Übrigens
befinden wir uns auch gewissen anderen physikalischen Agentien,
z. B. der Elektrizität, gegenüber in ähnlicher Lage; auch bei ihr
wäre es eine unbegründete Hypothese, wenn wir an ihre Fort-

bewegung im galvanischen Strome die gewöhnlichen Begriffe anlegen wollten, wie wir sie bei ponderablen Körpern brauchen. Bei solchen Agentien, wie es die Wärme und die Elektrizität sind, können wir sinnlich nur erkennen, daß in einer bestimmten Zeit durch eine bestimmte Fläche im Innern eines Körpers oder durch die Trennungsfläche zweier Körper hindurch ein gewisses Quantum des Agens hindurchgegangen ist. Das ist das einzige Phänomen, welches wir verfolgen können, und insofern nur können wir davon reden, daß diese Agentien strömen.“

„Mit welcher Geschwindigkeit geht also dieses Agens durch die Fläche?“ fühlt man sich trotzdem versucht, zu fragen. Wenn diese Frage ganz unsinnig wäre, benötigte es keiner langen Auseinandersetzung, ihre Unsinnigkeit deutlich zu erweisen.

Mit dem Begriff und der diesem Begriffe zugrunde liegenden Vorstellung einer Strömung ist der Begriff einer Strömungsgeschwindigkeit untrennbar verknüpft. Eine Strömung ohne Geschwindigkeit kann weder gedacht noch realisiert werden. Hier gibt es nur zwei Wege. Entweder hält man an dem Ausdruck und dem untergelegten Bild eines „Wärmestromes“ fest, der durch die Körper hindurchgeht, und ordnet der Strömung eine Strömungsgeschwindigkeit bei oder man läßt das Bild der Strömung fallen und beschäftigt sich nur mit den Zustandsänderungen der Körper und ihrer Teile. Nur auf diesem zweiten Wege wird man sich in Übereinstimmung mit den heutigen Ansichten über die Natur der Wärme befinden.

Die einzigen Phänomene, welche verfolgt werden können, sind Bewegungen und Zustandsänderungen von *Körpern*. Wenn man aus solchen Zustandsänderungen der Teile eines Körpers den Schluß zieht, daß ein gewisses Quantum eines Agens durch eine Fläche hindurchgegangen sei, so hat man sich bereits auf den Boden einer Hypothese begeben, indem man das Vorhandensein eines beweglichen Agens voraussetzt. Diese Hypothese kann durch den Umstand, daß man diesem beweglichen Agens keine Geschwindigkeit zuschreibt, nicht mehr beseitigt werden. Es ist dies auch bei den Vorgängen der Wärmeleitung weder notwendig noch nützlich. Man braucht sich dieses Agens nur als eine gewichtslose, elastische Flüssigkeit zu denken, welche alle Körper durchdringt und ihnen die Eigenschaft der Temperatur verleiht. Die in einem Körper enthaltene Wärmestoffmenge oder Wärmemenge wird durch das Produkt seines Wärmefassungsvermögens (Wärmekapazität) und seiner absoluten Temperatur ausgedrückt. Als Konzentration oder Dichte der Wärme in einem Körper ist die in der Volumeneinheit des Körpers enthaltene Wärme anzusehen. Es gelten die üblichen Maßeinheiten.

Die Ableitung des Grundgesetzes der Wärmeleitung fußt auf der Vorstellung des Wärmestoffes und geht von der *Annahme* aus, daß die Wärmemenge, welche in der Zeiteinheit durch ein senkrecht auf der Richtung des Wärmestromes stehendes Flächenelement des Querschnittes eines Körpers hindurchgeht, der Größe des Flächenelementes und dem an seinem Orte herrschenden Temperaturgefälle proportional sei. Die in dem Zeitelement δt hindurchgehende Wärmemenge ist daher

$$w = -\lambda q \frac{\partial T}{\partial s} \delta t \quad \ldots \ldots \ldots \ldots \quad 1)$$

Es bedeuten λ einen von der Natur des Körpers abhängigen Koeffizienten, q die Größe des Querschnittselementes, s die in der Richtung des Wärmestromes gemessene Entfernung des Querschnittselementes von einem willkürlich gewählten Fixpunkt und T die Temperatur des Körpers im Querschnitt q. Die Temperatur ist als eine Funktion des Ortes und der Zeit, somit der unabhängigen Variabeln s und t anzusehen $\qquad T = f(s, t)$

$$dT = \frac{\partial T}{\partial s} ds + \frac{\partial T}{\partial t} dt.$$

Bedeuten γ das spezifische Gewicht und c die spezifische Wärme des Körpers im Querschnitt q, so ist die Dichte der Wärme an dieser Stelle

$$D = \gamma \, c \, T$$

und es ist ferner

$$\frac{\partial D}{\partial s} = \gamma \, c \, \frac{\partial T}{\partial s} \quad \text{und} \quad \frac{\partial D}{\partial t} = \gamma \, c \, \frac{\partial T}{\partial t}.$$

Bedeutet v die Geschwindigkeit des Wärmestromes im Querschnitt q, so ist die im Zeitelement δt durch den Querschnitt q tretende Wärmemenge

$$w = q \, v \, D \, \delta t \ . \ . \ . \ . \ . \ . \ . \ . \ . \ . \ . \ \text{2)}$$

Durch ein gleichgroßes Flächenelement eines zu dem eben betrachteten parallelen und nur um das kleine Stück δs von diesem entfernten Querschnittes geht während des gleichen Zeitelementes δt die Wärmemenge

$$w_1 = q \, v_1 \, D_1 \, \delta t \ . \ . \ . \ . \ . \ . \ . \ . \ . \ . \ \text{3)}$$

worin $v_1 = v + \dfrac{\partial v}{\partial s} \, \delta s$ und $D_1 = D + \dfrac{\partial D}{\partial s} \, \delta s$ ist.

Besteht ein Unterschied zwischen den beiden Wärmemengen w und w_1, so bewirkt dieser eine Veränderung der Dichte der Wärme in dem zwischen den beiden Querschnitten befindlichen prismatischen Körperelement vom Rauminhalt $q \, \delta s$, weil durch die eine Grundfläche q mehr oder weniger Wärme in das Prisma gelangt, als durch die parallele Fläche abströmt. Es ist also

$$w - w_1 = q \, \delta s \, \frac{\partial D}{\partial t} \, \delta t \ . \ . \ . \ . \ . \ . \ . \ . \ \text{4)}$$

Setzt man die Werte für v_1, D_1 und $\dfrac{\partial D}{\delta t}$ in diese Gleichung ein, so erhält man

$$-\frac{\partial \, (v \, D)}{\partial s} = \gamma \, c \, \frac{\partial T}{\delta t}.$$

Aus den Gleichungen 1) und 2) ergibt sich:

$$v \, D = -\lambda \, \frac{\partial T}{\partial s}.$$

Somit ist

$$\lambda \, \frac{\partial^2 \, T}{\partial s^2} = \gamma \, c \, \frac{\partial T}{\partial t}.$$

Dies ist aber die bekannte Fouriersche Fundamentalgleichung für die Wärmeleitung. λ ist die sogenannte Wärmeleitungszahl, welche angibt, welche Wärmemenge in der Zeiteinheit durch die Flächeneinheit hindurchgeht, wenn das Temperaturgefälle $= 1$ ist.

Aus den Gleichungen 1) und 2) ergibt sich:

$$v = - \frac{\lambda}{\gamma c} \frac{1}{T} \frac{\partial T}{\partial s} \quad \ldots \ldots \ldots \quad 5)$$

Die Strömungsgeschwindigkeit der Wärme im Innern eines Körpers ist demnach der Temperatur verkehrt und dem Temperaturgefälle direkt proportional. Die Dimensionen der Größen sind wie sonst:

$$[\lambda] = m\, l^{-1}\, t^{-1}; \quad [T] = l^2\, t^{-2}; \quad [\gamma] = m\, l^{-3}; \quad [c] = 1$$
$$\text{und } [v] = l\, t^{-1}.$$

Es ist wichtig, zu bemerken, daß die Theorie der reinen Wärmeleitung auf die thermodynamischen Vorgänge, welche mit den Temperaturänderungen der Körper verknüpft sind, keine Rücksicht nimmt und die physikalische Beschaffenheit der wärmeleitenden Körper als unveränderlich voraussetzt. Tatsächlich finden bei jeder Temperaturänderung eines Körpers Verwandlungen von Wärmemengen in äquivalente innere und äußere Arbeiten oder umgekehrt statt, wodurch die Maßzahlen der Dichte, der spezifischen Wärme und des Wärmeleitungsvermögens verändert werden. Bedeutet k irgendeine dieser Maßzahlen, so kann ihre Abhängigkeit von der Temperatur durch einen allgemeinen Ausdruck von der Form

$$k_t = k_o\, (1 + \alpha t + \beta t^2 + \ldots)$$

dargestellt werden. Die Koeffizienten α, β usw. sind kleine Zahlen und nur für sehr wenige Körper genau bestimmt. Für die Wärmeleitungszahl λ und Schmiedeeisen zwischen 0 und 300^0 wird α mit $-0{,}0011$, für Gußeisen mit $-0{,}00075$, für Kupfer mit $+0{,}0000389$ angegeben. Der Einfluß der Veränderlichkeit der Größen mit der Temperatur ist demnach innerhalb nicht zu weit auseinanderliegender Grenzen sehr gering.

Zweites Kapitel.

Bei der sogenannten stationären Wärmeströmung durch eine Platte, deren Oberflächen auf verschiedenen, aber konstanten Temperaturen gehalten werden, hat das Wärmegefälle an jedem Punkte im Innern der Platte den gleichen unveränderlichen Wert. Denkt man sich die Platte durch zahlreiche den Oberflächen parallel geführte Schnitte in dünne Schichten zerlegt, so strömen durch jede Schichte und durch jede Trennungsfläche zweier Schichten in gleichen Zeiträumen gleiche Wärmemengen und die *Stärke* der Strömung, als welche das Verhältnis der durch eine Trennungsfläche strömenden Wärmemenge zu der dazu erforderlichen Zeit gilt, ist in allen Schichten und ihren Trennungsflächen in jedem Zeitpunkte die gleiche.

Nachdem aber die Strömungsgeschwindigkeit laut Gleichung 5) bei konstantem Temperaturgefälle der Temperatur umgekehrt proportional ist, ergibt sich, daß die Wärme im stationären Strom bei hohen Temperaturen viel langsamer durch eine Platte geht und längere Zeit dazu braucht, um den Weg von der einen Seite der Platte zur anderen zurückzulegen, als bei niedrigen Temperaturen. Dies ist in vollkommener Übereinstimmung mit den Strömungsvorgängen elastischer Mittel. Natürlich darf die so ermittelte Strömungsgeschwindigkeit nicht mit der Fortpflanzungsgeschwindigkeit der Wärme verwechselt werden, welche zur Strömungsgeschwindigkeit in einem ähnlichen Verhältnisse steht wie die Schallgeschwindigkeit zur Strömungsgeschwindigkeit verdichteter Luft in einer Röhre.

Die Frage, mit welcher Geschwindigkeit sich die Wärme im stationären Strome durch eine Platte hindurch bewege und welche Zeit verfließe, bevor die in irgend einem Augenblick auf der einen Seite der Platte zugeführte Wärme auf der anderen Seite herauskomme, ist somit keineswegs unsinnig und kann, von dem Standpunkte der Hypothese ausgehend, für welchen der Ausdruck „Wärmestrom" allein Berechtigung haben kann, ganz wohl beantwortet werden.

Wenn in einer schmiedeisernen Platte von 25 mm Stärke ein lineares Temperaturgefälle von .400⁰ pro Meter herrscht, wobei der Unterschied der Oberflächentemperaturen der Platte 10⁰ beträgt, strömen in der Stunde durch 1 qm der Platte 20.000 Kalorien. Hat die kältere Seite der Platte eine Temperatur von 0⁰ C, d. i. 273⁰ abs., so ist die Strömungsgeschwindigkeit der Wärme im Eisen an der Austrittsstelle 81 und an der Eintrittsstelle 78,5 mm in der Stunde. Die Strömungsgeschwindigkeit ist sehr gering und die Wärme braucht 18,7 Minuten, um durch die Platte zu gehen. Bei einer Temperatur von 100⁰ C der kälteren Oberfläche wären die Geschwindigkeiten 59,6 bzw. 58 mm in der Stunde und die Zeit für den Durchgang der Wärme 25,5 Min. Dabei ist mit $\lambda = 50$ und $\gamma c = 900$ gerechnet.

Wenn das Temperaturgefälle $\dfrac{\partial T}{\partial s} = -A$, die Stärke der Platte S und die absolute Temperatur T_1 der kälteren Oberfläche gegeben sind, so ist die für den Wärmedurchgang erforderliche Zeit in Stunden

$$t = \frac{\gamma c}{\lambda}\left(\frac{S}{2} + \frac{T_1}{A}\right) S,$$

wenn als Maßeinheiten Kilogramm und Meter gelten.

Die weitere rechnungsmäßige Verfolgung der Wärmeleitungsvorgänge auf Grundlage der Hypothese ist für den Gegenstand dieser Studie von keiner Bedeutung. Wo es im Verlaufe der folgenden Ausführungen notwendig oder nützlich sein sollte, auf den

Begriff „Wärmestrom" zurückzukommen, dürften die gegebenen Erklärungen zur Gewinnung einer deutlichen Vorstellung ausreichen.

In der praktischen Wärmetechnik der Dampfbetriebe, der chemischen Industrie, des Heizungswesens usw. hat man es hauptsächlich mit plattenförmigen Körpern zu tun, in denen sich die Wärmeleitungsvorgänge abspielen. Da bei solchen Körpern Temperaturunterschiede in den zu beiden Oberflächen parallelen Richtungen nicht auftreten oder doch meist vernachlässigt werden dürfen, erlaubt die in folgendem geübte Beschränkung auf solche Körper eine wesentliche Vereinfachung der Betrachtung, die im allgemeineren Falle jeder Richtung durch drei gleichwertige Komponenten Rechnung tragen müßte.

Als lineare Temperaturverteilung in einem plattenförmigen Körper gelte jener Zustand, bei welchem der Unterschied der Temperatur an einem Punkt im Innern der Platte von der Temperatur an einer Oberfläche der Platte, der Entfernung des betrachteten Punktes von der Oberfläche proportional ist. Bedeutet also T_0 die Temperatur an einer Oberfläche, so ist an einem in der Entfernung s von der Oberfläche im Innern der Platte befindlichen Punkte die Temperatur $T = T_0 + As$, worin A ein konstanter Faktor ist.

Bei solcher Temperaturverteilung herrscht an jedem beliebigen Punkt im Innern der Platte die Mitteltemperatur einer nach allen Richtungen gleich, aber beliebig weit ausgedehnt gedachten Umgebung, soweit diese die Grenzen der Platte nicht überschreitet. Nimmt man nun an, daß Änderungen der Temperaturverteilung im Innern eines Körpers, also Änderungen der Temperaturen an verschiedenen Punkten nur durch vorhandene Temperaturdifferenzen $(T_1 - T_2)$ bewirkt werden können, so ist es bei der linearen Temperaturverteilung im Innern eines plattenförmigen Körpers ausgeschlossen, daß eine Änderung dieser Temperaturverteilung jemals im Laufe der Zeit eintritt. Denn in jedem einzelnen Punkte wirkt der in einer bestimmten Richtung gemessenen Temperaturdifferenz eine gleichgroße Temperaturdifferenz in der entgegengesetzten Richtung entgegen und es kann daher eine Veränderung weder in dem einen noch in dem anderen Sinn erfolgen. Man kann daher an einer Platte, in welcher eine lineare Temperaturverteilung herrscht, weder mit Thermometern, Thermoelementen, noch mit anderen Instrumenten wahrnehmen oder sinnlich erkennen, daß durch irgend eine Fläche im Innern der Platte ein Agens hindurchgeht. Nachdem die einmal festgestellten Temperaturen keine Änderungen erleiden, wird man sagen müssen, im Innern der Platte geht gar nichts vor sich.

Die Stabilität der Zustände im Innern der Platte hat ihren Grund nicht allein in der linearen Temperaturverteilung, sondern ebensowohl in der homogenen Beschaffenheit der Umgebung jedes einzelnen Punktes. An den beiden Oberflächen der Platte ist aber diese Isotropie oder homogene Beschaffenheit der Umgebung jedes einzelnen Plattenpunktes nach allen Richtungen nicht mehr vorhanden, denn nach der einen Seite erstreckt sich das Material der Platte und nach der anderen Seite der Stoff des umgebenden Mittels.

An den beiden Oberflächen muß daher auf andere Art dafür gesorgt sein, jede Veränderung der Oberflächentemperatur hintanzuhalten. Denn auch für die Oberflächen muß man die Annahme gelten lassen, daß Temperaturänderungen durch vorhandene Temperaturdifferenzen bewirkt werden. Damit die gegen das Innere der Platte zu vorhandenen Temperaturunterschiede eine Veränderung der Oberflächentemperatur nicht bewirken können, ist es notwendig, die Mittel, welche die Oberflächen berühren, auf ganz bestimmten Temperaturen zu halten und auf diese Weise den Ersatz der zum Ausgleiche nötigen Temperaturdifferenzen zu bewerkstelligen. Dabei findet auf der wärmeren Seite der Platte ein Wärmeverbrauch statt, dem ein gleichgroßer Wärmegewinn auf der kälteren Seite der Platte gegenübersteht. Nur an den beiden Oberflächen geht eine Wechselwirkung der Stoffe vor sich, die etwa an der heißen Oberfläche an der Kondensation von Wasserdampf und an der kalten Fläche am Schmelzen von Eis wahrgenommen werden kann, wenn Eis und Wasserdampf die Mittel sind, welche die Oberflächen berühren; im Innern der Platte findet gar kein Vorgang statt, welcher die Vermutung nahelegen könnte, die Wärme des Wasserdampfes sei durch die Platte hindurch auf das Eis übertragen worden. Zwischen den beiden Vorgängen an den verschiedenen Seiten der Platte besteht kein Zusammenhang, denn bei gegebenen Zuständen der äußeren Mittel, welche die Oberflächen berühren, sind die an diesen stattfindenden Vorgänge nur von den augenblicklichen Zuständen dieser Oberflächen abhängig. Allerdings hängen die Zustände der Oberflächen mit der Temperaturverteilung im Innern der Platte zusammen; diese Temperaturverteilung kann aber bei gleichen Zuständen der Oberflächen sehr verschieden sein.

Drittes Kapitel.

Von den unendlich vielen möglichen Temperaturverteilungen im Innern einer planparallelen Platte sind die
linearen Temperaturverteilungen die einzigen, welche
stationär bleiben können und, solange sie linear sind, notwendigerweise stationär bleiben müssen. Für plattenförmige Körper der betrachteten Art, für welche Temperaturunterschiede in allen zu den großen Oberflächen
parallelen Richtungen als nicht vorhanden gelten, sind
daher die Begriffe „lineare" und „stationäre" Temperaturverteilung gleichbedeutend. Es wird sich zeigen, daß diese
stationären Zustände als Grenzfälle anzusehen sind,
denen man sich künstlich in endlichen Zeiträumen zwar
beliebig nähern, sie aber niemals erreichen kann.

Bei der Behandlung der Vorgänge in plattenförmigen
Körpern stellt sich die zu bearbeitende Aufgabe etwa
folgendermaßen dar: Es ist der zeitliche Verlauf der
Temperaturen im Innern und an den beiden Oberflächen
einer Platte festzustellen, wenn diese bei gegebener
ursprünglicher Temperaturverteilung der dauernden
Einwirkung erwärmender oder abkühlender Mittel an
ihren beiden Oberflächen ausgesetzt ist.

Die Beeinflussung der beiden Oberflächen kann in
mannigfacher Art vorausgesetzt sein. Beispielsweise kann
gefordert sein, daß beide Oberflächen dauernd auf den
gleichen oder verschiedenen konstanten oder nach einem
gewissen Gesetz veränderlichen Temperaturen gehalten
werden. Oder es kann die Bedingung gestellt sein, daß
die eine Oberfläche dauernd etwa von Rauchgasen be-
stimmter Temperatur berührt werde, während die andere
Oberfläche von Wasser bespült wird. Eine allgemeine

Lösung für jeden möglichen und denkbaren Fall ist natürlich nicht zu finden, immerhin können zahlreiche Fälle nach einer Schablone behandelt werden.

Mathematisch ist jede einzelne Aufgabe als gelöst zu betrachten, wenn T als eine Funktion von t und s gefunden ist, welche

1. der allgemeinen Fourierschen Grundgleichung genügt,
2. für $t = 0$ die ursprüngliche Temperaturverteilung ergibt und
3. den für die beiden Oberflächen, d. i. für $s = 0$ und $s = S$ gestellten Bedingungen genügt.

Die Fouriersche Grundgleichung

$$\lambda \frac{\partial^2 T}{\partial s^2} = \gamma c \frac{\partial T}{\partial t}$$

hat unendlich viele mathematische Lösungen, von denen indessen nur einige für die hier behandelten Probleme von physikalischer oder technischer Bedeutung sind. In der theoretischen Physik ist es gebräuchlich, den Quotienten $\dfrac{\lambda}{\gamma c}$, welcher den Namen Temperaturleitungskoeffizient führt, mit a^2 zu bezeichnen, so daß die Gleichung die Form erhält:

$$a^2 \frac{\partial^2 T}{\partial s^2} = \frac{\partial T}{\partial t}.$$

Der partielle Differentialquotient $\dfrac{\partial T}{\partial t}$ ist als Geschwindigkeit der Temperaturänderung anzusprechen. Der partielle Differentialquotient $\dfrac{\partial T}{\partial s}$ heißt das Temperaturgefälle und ist ein Maß des Unterschiedes der Temperatur eines Punktes von der Temperatur des in der Richtung s unmittelbar benachbarten Punktes. Ist daher für irgend eine als Funktion von s gegebene Temperaturverteilung der erste Differentialquotient eine konstante Größe, so bedeutet dies, daß jeder Punkt die Mitteltemperatur seiner Umgebung besitzt. Diese kann sogar beliebige, aber nach jeder Richtung gleichgroße Ausdehnung haben.

Der zweite Differentialquotient $\dfrac{\partial^2 T}{ds^2}$ der als Funktion von s gegebenen Temperaturverteilung ist für jeden einzelnen Punkt ein Maß der Abweichung der Temperatur des Punktes von der *Mittel*temperatur seiner allernächsten Umgebung. Stellt in Fig. 1 die Kurve BAC ein Bild der als Funktion von s gegebenen Temperaturverteilung dar und ist NA die Temperatur eines Punktes an der Stelle s und ND die Mitteltemperatur zweier gleichweit davon entfernten Punkte, so ist AD die Größe der Abweichung der Temperatur des betrachteten Punktes von der Mitteltemperatur der Nachbarschaft,

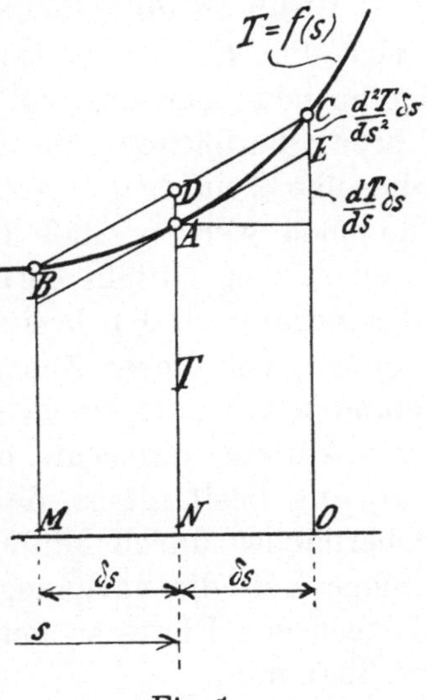

Fig. 1.

$$AD = CE = \frac{\partial^2 T}{ds^2}\,\delta s.$$

Die Fouriersche Grundgleichung kann daher in der Form ausgesprochen werden: Die Geschwindigkeit der Temperaturänderung jedes Punktes ist der Größe der Abweichung seiner Temperatur von der Mitteltemperatur seiner allernächsten Umgebung proportional.

Bei der linearen Temperaturverteilung ist $\dfrac{\partial^2 T}{\partial s^2} = 0$,

somit $\dfrac{\partial T}{\partial t} = 0$, d. h. der Zustand ist stationär. Ferner

erhält man $\dfrac{\partial T}{\partial s} = D$ und $T = Ds + C$, worin C und D

konstante Größen sind. Da bei den folgenden Untersuchungen hauptsächlich nur mit Temperaturdifferenzen und Temperaturgefällen gerechnet wird, ist die Wahl des Nullpunktes irrelevant und man hat es daher nicht nötig, an den absoluten Temperaturen festzuhalten, sondern kann mit den gewöhnlichen Temperaturen des Celsiusthermometers rechnen.

Wenn in der Gleichung $T = Ds + C$, $D = 0$ ist, so wird $T = C$, also beispielsweise $T = 50$. Diese Lösung entspricht dem Zustand einer Platte, welche sowohl an ihren Oberflächen wie in ihrem Innern in allen Punkten dieselbe Temperatur (50^0) besitzt. Es muß daher angenommen werden, daß die Platte an ihren beiden Oberflächen von Mitteln berührt wird, die ebenfalls dieselbe Temperatur (50^0) besitzen. Indessen läßt sich nicht denken, wie dieser Zustand, wenn er nicht seit jeher bestanden hat, aus einem andern Zustand hervorgegangen sein könnte. Immerhin darf man annehmen und die Erfahrung bestätigt es, daß bei dauernder Berührung der Oberflächen durch Mittel gleicher Temperatur, nach endlicher Zeit die vorhandenen Temperaturunterschiede im Innern der Platte so gering werden, daß sie nicht mehr meßbar sind.

Ein Beispiel stationärer Temperaturverteilung, wenn D nicht gleich Null ist, wäre

$$T = 100 - 500\, s$$

Ist diese Temperaturverteilung etwa in einer Platte von 0,04 m Stärke vorhanden, so herrscht an der einen Oberfläche die Temperatur von 100^0 und an der anderen die Temperatur von 80^0. Zwischen den beiden Oberflächen, im Innern der Platte, fallen die Temperaturen nach dem Gesetz einer geraden Linie ab. Das Temperaturgefälle beträgt in allen Punkten der Platte, somit auch an den Oberflächen 500^0 auf den Meter*). Die Oberflächen müssen daher von Mitteln berührt werden, deren Temperaturen eine solche Höhe besitzen, daß sie den einseitig, nach dem Innern der Platte zu, wirkenden Temperaturgefällen das

---

*) Wenn hier und in der Folge von Temperaturgefällen an den Oberflächen die Rede ist, so sind darunter die Temperaturgefälle in den unendlich dünnen Materialschichten verstanden, deren einseitige Grenzen die Oberflächen bilden.

Gleichgewicht zu halten vermögen und keine Temperaturänderung der Oberflächen zulassen. An der wärmeren
Seite der Platte muß daher die Temperatur des berührenden Mittels *höher* als die Temperatur der Oberfläche und
an der kälteren Seite der Platte muß die Temperatur des
berührenden Mittels *tiefer* als die Temperatur der Oberfläche sein, um den stationären Zustand aufrecht zu erhalten.

Mit diesen beiden Fällen sind die Möglichkeiten
stationärer Temperaturverteilung in einer Platte erschöpft.

Nun betrachte man eine Temperaturverteilung, welche
nicht linear ist und eben aus diesem Grunde nicht stationär sein kann. Sie sei für einen bestimmten Zeitpunkt
etwa durch den Ausdruck gegeben

$$T = A + B s^2$$
$$t = 0$$

Zählt man die Zeiten von dem Zeitpunkt an, zu
welchem diese Temperaturverteilung herrscht, so gilt
diese für $t = 0$. A und B sind für $t = 0$ konstante Größen.
Wenn beispielsweise die Temperaturverteilung in einer
40 mm starken Eisenplatte durch den Ausdruck

$$T = 100 - 18750 \, s^2$$
$$t = 0$$

gegeben ist, so stellt die in Fig. 2 eingezeichnete
Kurve ein Bild der an den verschiedenen Punkten
herrschenden Temperaturen dar. Wie immer man nun
unter diesen Umständen auf die beiden Oberflächen der
Platte einwirken mag, es ist unmöglich, diese Temperaturen konstant zu erhalten. Denn ein Einfluß auf das
Innere der Platte ist nur durch eine Temperaturänderung
der Oberflächen zu gewinnen. Wenn daher irgend ein
Punkt im Innern der Platte infolge der herrschenden
Temperaturverteilung die Tendenz hat, seine Temperatur
zu verändern, so kann dieser Tendenz durch die Einwirkung der Oberflächen nur mittels einer Änderung der gesamten Temperaturverteilung begegnet werden.

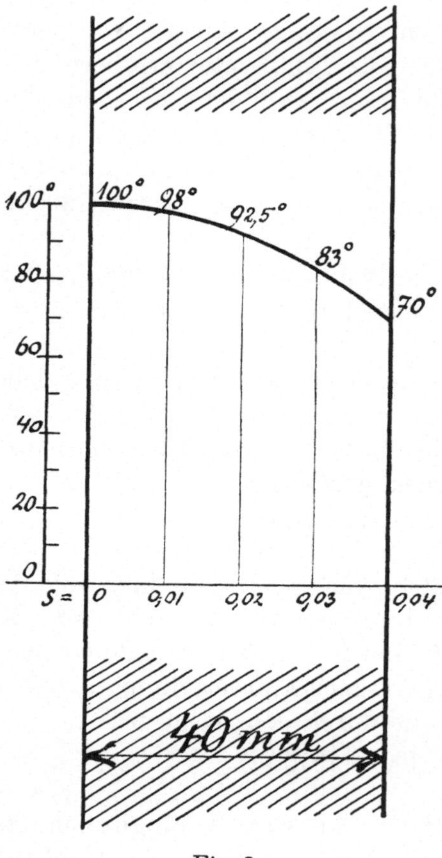

Fig. 2.

Bei der früher betrachteten linearen Temperaturverteilung hat kein Punkt die Tendenz, seine Temperatur zu verändern, weil jeder Punkt die Mitteltemperatur seiner Umgebung besitzt Man kann jenen ? stand etwa mit die einer elastisch ~ Membrane vergl
chen, die in einer Ebene gespannt ist und sich in dieser fortbewegt, wobei kein Punkt der Membrane die Tendenz hat, sich aus der Ebene herauszubewegen.

Bei der jetzt betrachteten nichtlinearen Temperaturverteilung weicht die Temperatur jedes Punktes von der Mitteltemperatur seiner Umgebung ab und die Größe der Abweichung, die durch den zweiten Differentialquotienten $\dfrac{\partial^2 T}{\partial s^2}$ angegeben wird, ist ein Maß der Tendenz des Punktes, seine Temperatur zu verändern.

Zum Zahlenbeispiel zurückkehrend, ist

$$\frac{\partial^2 T}{\partial s^2}\Big|_{t=0} = -\,37500$$

und damit in die Fouriersche Formel eingehend, berechnet
sich mit $a^2 = 0,0555$

$$\frac{\partial T}{\partial t}\bigg._{t=0} = -\ 2081$$

d. h. jeder Punkt im Innern der Platte hat in dem Zeitpunkt $t = 0$, für den die angenommene Temperaturverteilung gilt, die Tendenz, seine Temperatur in der
Stunde um 2081^0 oder in einer Minute um $34{\cdot}7^0$ zu
vermindern.

Diese rasche Abkühlung der Platte könnte aber
nur dann vor sich gehen, wenn auch die Oberflächen
in gleicher Weise daran beteiligt sein könnten. An der
Oberfläche $s = 0$ herrscht zur Zeit $t = 0$ die Temperatur
von 100^0, an der Oberfläche $s = 0,04$ die Temperatur von
70^0. Das Temperaturgefälle in der Platte ist

$$\frac{\partial T}{\partial s}\bigg._{t=0} = -\ 37500\ s,$$

somit gleich Null an der Oberfläche $s = 0$. An dieser Oberfläche dürfte daher keinerlei Einwirkung durch das um-
gebende Mittel erfolgen, welches während der Abkühlung
immer dieselbe Temperatur wie die Plattenoberfläche besitzen müßte. Man könnte sich diese etwa mit einem für
Wärme vollkommen undurchlässigen, nichtleitenden Stoff
überzogen denken, der keine Wärmekapazität besitzt. Ein
vollkommeneres Gedankenbild entsteht jedoch, wenn man
sich mit der Oberfläche der Platte eine zweite ebenso
starke Platte innig und leitend verbunden denkt, in welcher eine genau symmetrische Temperaturverteilung
herrscht (Fig. 3), wobei alsdann die beiden freien Oberflächen der nunmehr doppelt so starken Platte so behandelt werden, wie es für die Oberfläche $s = 0,04$ der
einfachen Platte erforderlich ist. An dieser Oberfläche
herrscht das Temperaturgefälle

$$\frac{\partial T}{\partial s}\bigg._{s=0,04} = -\ 1500.$$

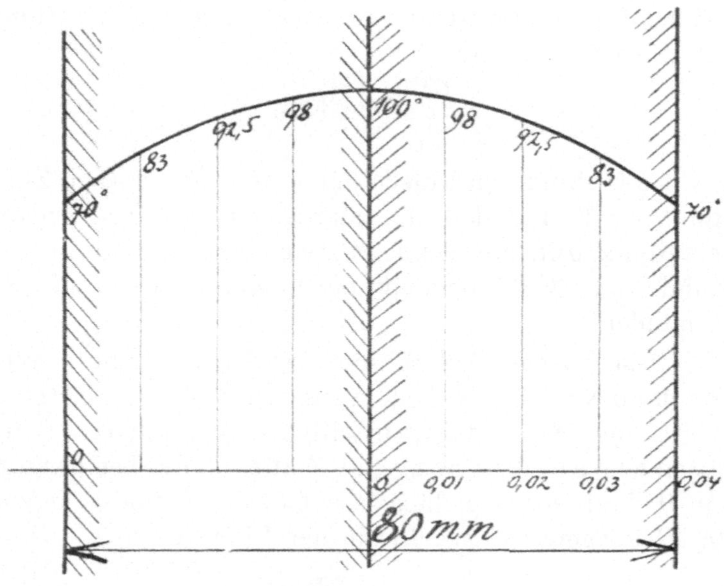

Fig. 3.

Dies bedeutet, wenn man auf die Vorstellung des „Wärmestromes" zurückgreift, daß sich dieser mit einer Geschwindigkeit von

$$v = \frac{a^2}{T + 273} \cdot 1500 = 0{\cdot}243 \; \text{m/Std.}$$

aus der Oberfläche herausbewegt und, da die Dichte der Wärme in der Oberfläche 308.700 Cal/cbm beträgt, eine dauernde Wärmeabfuhr von 75.000 Cal auf den Quadratmeter stündlich erfordert. Da die Temperatur der Oberfläche mit konstanter Geschwindigkeit abnimmt, wäre es erforderlich, daß auch die Temperatur des die Wärmeabfuhr bewirkenden Mittels in dem gleichen Maße abnehme, so daß die zwischen der Oberfläche und dem sie berührenden Mittel vorhandene Temperaturdifferenz stets den gleichen Wert beibehält.

Da diese Forderung nur innerhalb der möglichen Temperaturgrenzen erfüllt werden kann, bleiben auch die für entsprechende kurze Zeiträume berechneten Abkühlungen innerhalb der möglichen Grenzen.

Für den zeitlichen Verlauf der Temperaturen erhält man die Beziehung

$$T = 100 - 18750\, s^2 - 2081\, t$$
$$\text{d. i. } T = A + B\, s^2 + 2\, a^2\, B\, t.$$

Bei Einhaltung der ursprünglichen Oberflächenbedingungen verändern sich somit alle Temperaturen mit konstanter Geschwindigkeit und die Temperaturkurve behält ihre Gestalt bei, während sie mit konstanter Geschwindigkeit, je nach dem Vorzeichen von B, nach oben oder nach unten wandert.

Daß die Temperatur jedes Punktes im Innern der Platte ebenso rasch wie an der Oberfläche sinkt, von welcher die Wärme abgeführt wird, hat seinen Grund in der eigentümlichen Temperaturverteilung, welche den Spannungszuständen einer elastischen kugelförmig aufgeblasenen Membrane zu vergleichen ist, deren Punkte mit gleichen Kräften dem Mittelpunkt zustreben. Wenn unter dem Einfluß dieser Kräfte eine Veränderung stattfindet, so geht diese an allen Stellen der Membrane gleichzeitig und in gleichem Ausmaße vor sich.

Der hier bearbeitete Fall hätte der Aufgabe entsprochen, den zeitlichen Temperaturverlauf in einer Platte festzustellen, wenn die ursprüngliche Temperaturverteilung in der Form $T = A + Bs^2$ gegeben und die Bedingung $t = 0$ gesetzt gewesen wäre, daß die an den Oberflächen zur Zeit $t = 0$ stattfindenden Wärmezufuhren oder Wärmeabfuhren dauernd aufrecht zu erhalten sind. Als Lösung der Aufgabe hat sich ergeben:

$$T = A + B\, s^2 + 2\, a^2\, B\, t.$$

Die Aufgabe wäre unlösbar gewesen, wenn die ursprüngliche Temperaturverteilung anstatt in der Form einer kontinuierlichen Kurve nur durch einzelne Temperaturpunkte, etwa an den beiden Oberflächen und in verschiedenen Tiefen, gegeben gewesen wäre. Denn für die an den beiden Oberflächen stattfindenden Wärmebewegun-

2*

gen sind nicht die Temperaturen dieser Oberflächen, sondern die Temperaturgefälle maßgebend.

Der zwischen den Oberflächenbedingungen und den Temperaturverteilungen bestehende Zusammenhang schließt die Kombination ungereimter Bedingungen einzelner Aufgaben vollkommen aus.

Wenn beispielsweise gefordert wird, daß eine Platte, deren Temperaturverteilung zur Zeit 0 durch den Ausdruck $T = 50$ ausgedrückt ist, wonach alle Punkte der Platte die Temperatur von 50^0 besitzen, so kann nicht zugleich gefordert sein, daß eine Oberfläche der Platte mit einem Körper, dessen Temperatur 500^0 betrage, in Berührung stehe.

Denn die zweite Forderung bedingt, daß zwischen zwei benachbarten Punkten der Platte, von denen der eine der Oberfläche angehört, ein Temperaturgefälle vorhanden sei, während die gegebene Temperaturverteilung $T = 50$ jedes Temperaturgefälle ausschließt.

Wenn man also etwa die Aufgabe zu lösen hätte, es sei der zeitliche Temperaturverlauf in einer Platte festzustellen, die zur Zeit $t = 0$ in allen ihren Punkten die Temperatur von 50^0 besitzt und plötzlich mit einem heißen Körper in Berührung gebracht wird, dessen Temperatur 500^0 beträgt, so wird man die Zeitbestimmung „plötzlich" folgendermaßen in ihre Elemente zu zerlegen haben. Zur Zeit $t = 0$ beträgt die Temperatur des die Oberfläche der Platte berührenden Mittels 50^0. Im Verlaufe des Zeitraumes δt steigt die Temperatur des die Platte berührenden Mittels von 50^0 auf 500^0, wobei diese Temperatursteigerung das Gesetz $T_a = f(t)$ befolgt, so zwar, daß für $t = 0$, $T_a = 50$ und für $t = \delta t$, $T_a = 500$ wird. Der Zeitraum δt kann alsdann beliebig klein, etwa mit ein Zehntausendstel-Sekunde angesetzt werden. Diese Begriffsbestimmung von „plötzlich", als eines sehr kleinen, immerhin aber endlich begrenzten Zeitraumes ist in voller Übereinstimmung mit dem tatsächlich realisierbaren Vorgang, wobei der heiße Körper, bevor er mit der Oberfläche der Platte in Berührung gebracht werden kann, dieser genähert werden muß.

Die Temperaturverteilung in einer Platte kann auf mancherlei Art gegeben sein. Wenn an Stelle der früher betrachteten Verteilung

$$T = 100 - 18750 s^2 \ldots a)$$

nur die Temperaturen einzelner Punkte in verschiedenen Tiefen gegeben gewesen wären, etwa die an den beiden Oberflächen der 40 mm starken Platte mit 100^0 und 70^0, ferner in den Tiefen $s = 0,01$, $0,02$ und $0,03$ mit 98 bzw. 92 und 83^0 C, so hätte man durch diese Temperaturpunkte mit großer Annäherung auch die Kurve (Fig. 4)

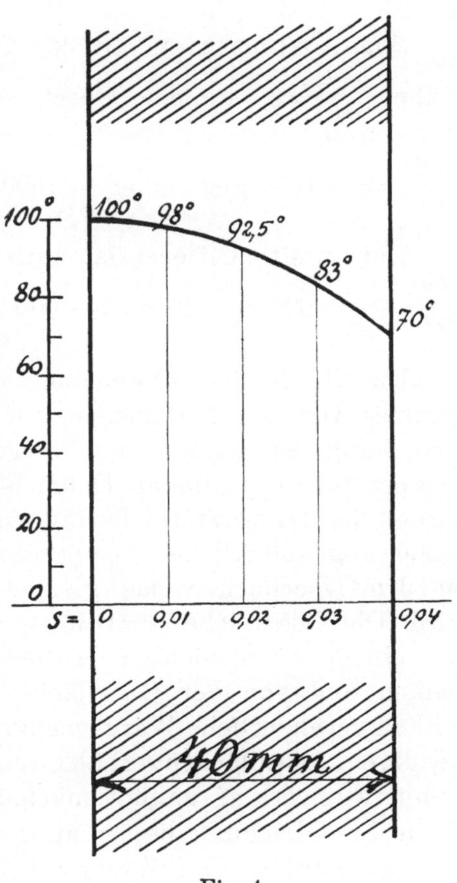

Fig. 4.

$$T = 100 \cos (20 s) \ldots \ldots \ldots b)$$
$$t = 0$$

legen können. Die geringen Abweichungen, welche die beiden Kurven *a* und *b* voneinander zeigen. (in dem kleinen Maßstab unserer Figuren sind sie gar nicht darzustellen), haben indessen schon wesentliche Verschiedenheiten der Temperaturänderungen im Innern der Platte zur Folge. Es beträgt das Temperaturgefälle

$$\frac{\partial T}{\partial s}\bigg|_{t=0} = -2000 \sin(20\,s)$$

Somit ist es zwar an der Oberfläche $s = 0$ wie früher $\dfrac{\partial T}{\partial s}\bigg|_{s=0} = 0$, an der Oberfläche $s = 0{,}04$ dagegen

$$\frac{\partial T}{\partial s}\bigg|_{s=0{,}04} = -1418 \text{ gegenüber } -1500 \text{ früher.}$$

Der zweite Differentialquotient berechnet sich zu

$$\frac{\partial^2 T}{\partial s^2}\bigg|_{t=0} = -40000 \cos(20\,s) = -400\,T.$$

Die Größe der Abweichung der Temperatur jedes Punktes von der Mitteltemperatur seiner allernächsten Umgebung ist somit seiner eigenen augenblicklichen Temperatur proportional. Daher ist auch die Geschwindigkeit der Temperaturänderung jedes Punktes der Höhe seiner augenblicklichen Temperatur proportional, wenn an den Oberflächen das gleiche Gesetz eingehalten wird. Die Oberfläche $s = 0$ hätte man sich wie früher mit einem wärmedichten Isoliermittel überzogen zu denken und von der Oberfläche $s = 0{,}04$ müßte man zeitlich veränderliche Wärmemengen abführen. Die notwendigen Oberflächenverhältnisse und der zeitliche Temperaturverlauf kann zunächst in der allgemeinen Form der Gleichung besser als in dem Ziffernbeispiel verfolgt werden. Zur Zeit $t = 0$ herrscht die Temperaturverteilung

$$T\big|_{t=0} = A \cos(m\,s)$$

$$\frac{\partial T}{\partial s}\bigg|_{t=0} = -A\,m \sin(ms)$$

$$\frac{\partial^2 T}{\partial s^2}\bigg|_{t=0} = -A\,m^2 \cos(ms) = -m^2\,T$$

Nun setze man die Bedingung, die beiden Oberflächen der Platte so zu behandeln, daß auch dort die einzelnen

Punkte ihre Temperaturen stets mit der ihrer jeweiligen Temperatur im gleichen Maße proportionalen Geschwindigkeit verändern. Es gelte daher für jeden Zeitpunkt

$$a^2 \frac{\partial^2 T}{\partial s^2} = \frac{\partial T}{\partial t} = -a^2 m^2 T$$

für konstantes s ergibt sich somit

$$\frac{dT}{T} = -a^2 m^2 dt \quad \text{oder}$$

$$\log \text{ nat } T = -a^2 m^2 t + C$$

und wenn $C = \log \text{ nat } M$ gesetzt wird,

$$T = M e^{-a^2 m^2 t}$$

M ist nur für konstantes s eine konstante Größe. Um M als Funktion von s zu finden, setze man $t = 0$, wodurch man erhält:

$$T_{t=0} = M = A \cos(m s)$$

daher ist allgemein

$$T = A \cos(ms) e^{-a^2 m^2 t}$$

Der zeitliche Verlauf der Temperaturen kann hienach berechnet werden.

Zu den letzten Beispiel zurückkehrend, erhält man für $a^2 = 50/900$ die Lösung

$$T = 100 \cos(20 s) e^{-22{,}22 t}$$

Danach berechnet sich, daß die Temperatur an der Oberfläche $s = 0$ im Verlauf einer Minute von 100^0 auf 69^0, somit um $31.^0$ sinkt, während an der Oberfläche $s = 0{,}04$ in derselben Zeit die Temperatur von 70^0 auf 41^0, somit um 29^0 abnimmt. Das Temperaturgefälle hat den Wert

$$\frac{\partial T}{\partial s} = -2000 \sin(20 s) e^{-22{,}22 t}$$

ist somit an der Oberfläche $s = 0$ dauernd gleich Null, sinkt aber an der Oberfläche $s = 0{,}04$ von dem anfänglichen Wert -1418 im Verlauf einer Minute auf den Wert -978 herab. Sämtliche Punkte nähern sich immer langsamer und langsamer der Temperatur von 0^0, die sie im Zeitpunkt $t = \infty$ erreichen.

Unter den gleichen Voraussetzungen, welche bei der ursprünglichen Temperaturverteilung

$$T \underset{t=0}{=} A \cos (ms)$$

zu dem allgemeinen Ausdruck

$$T = A \cos (ms)\, e^{-a^2 m^2 t}$$

geführt haben, ergibt sich aus der ursprünglichen Temperaturverteilung

$$T \underset{t=0}{=} B \sin (ns)$$

die allgemeine Beziehung

$$T = B \sin (ns)\, e^{-a^2 n^2 t}$$

Viertes Kapitel.

Die bisher gefundenen Ausdrücke, welche alle der Fourierschen Grundgleichung entsprechen, sind folgende:

$$a.)\quad T = C$$
$$b)\quad T = C + D\,s$$
$$c)\quad T = A + Bs^2 + 2\,a^2\,B\,t$$
$$d)\quad T = A \cos{(ms)}\,e^{-\,a^2\,m^2\,t}$$
$$e)\quad T = B \sin{(ns)}\,e^{-\,a^2\,n^2 t}$$

Die zugehörigen ursprünglichen Temperaturverteilungen werden gefunden, wenn in den einzelnen Ausdrücken $t = 0$ gesetzt wird.

Die zugehörigen Oberflächenbedingungen ergeben sich, wenn in den partiellen Ableitungen $\dfrac{\partial T}{\partial s}$, einmal $s = 0$ für die eine Oberfläche und das anderemal $s = S$ für die andere Oberfläche gesetzt wird.

Auch die Summe beliebig vieler der rechts von den Gleichheitszeichen stehenden Ausdrücke ergibt Ausdrücke für T, welche der Fourierschen Gleichung genügen. Da für A, B, C, D, m und n beliebige ganze oder gebrochene, positive oder negative Zahlen eingesetzt werden können, ist die Anzahl der möglichen Lösungen ebenso unbegrenzt wie die Möglichkeiten verschiedener Temperaturverteilungen und Oberflächenbedingungen in der Praxis.

Immerhin muß eine aus den hier angeführten Partikularlösungen hergestellte Summe teils beschränkt, teils erweitert werden, um sie für die vorkommenden verschiedenen Bedingungen und Aufgaben gleich gebrauchsfähig einzurichten. Zunächst ist ersichtlich, daß die Lösung a) schon in der Lösung b) enthalten ist, da diese für $D = 0$

in a) übergeht. Die Lösung c) ergibt, ob sie nun für sich allein steht oder ein Glied der Summe bildet, für wachsende Zeiten, Temperaturen, die jenseits der Grenzen der Möglichkeit liegen; die zugehörigen Oberflächenbedingungen können, wie dies an einem Beispiel schon früher erläutert wurde, dauernd nicht eingehalten werden, sie können somit tatsächlich niemals gestellt sein. Die Lösung c) ist daher auszuschalten. Hingegen können die Lösungen d) und e) zu den Summen

$$\sum_{m=p}^{m=q} A_m \cos (ms) \, e^{-a^2 m^2 t} \quad \text{und} \quad \sum_{m=p}^{m=q} B_m \sin (ms) \, e^{-a^2 m^2 t}$$

erweitert werden, wobei der Buchstabe n entfällt, wenn sich die dafür zu wählenden Werte innerhalb der Grenzen p und q finden.

Die Zahlenreihe von p bis q kann vorläufig aus beliebigen ganzen oder gebrochenen positiven oder negativen Zahlen bestehend gedacht werden. Wie sie gestaltet sein muß, um gegebenen Oberflächenbedingungen zu entsprechen und für $t = 0$ die als ursprünglich vorhanden gegebene Temperaturverteilung zu liefern, wird sich später zeigen. Der Wert $m = 0$ ergibt für d) die Lösung $T = A_0$, ist also identisch mit der Lösung a) und wie diese in der Lösung b) enthalten. Der Wert $m = 0$ ist somit aus der Zahlenreihe p bis q vorweg genommen.

Bildet man nun die Summe der verbleibenden Ausdrücke, so erhält man

$$T = C + Ds + \sum_{m=p}^{m=q} A_m \cos (ms) \, e^{-a^2 m^2 t} +$$

$$+ \sum_{m=p}^{m=q} B_m \sin (ms) \, e^{-a^2 m^2 t}$$

Indem die Fouriersche Grundgleichung aussagt, daß die Geschwindigkeit der Temperaturänderung eines Punktes der Abweichung seiner Temperatur von der Mitteltemperatur proportional ist, wird damit zugleich ausgesprochen, daß der Übergang eines veränderlichen Temperaturzustandes in den stationären Zustand unendlich lange Zeit erfordert; denn in dem Maße, als die

Abweichungen von den Mitteltemperaturen abnehmen, nehmen auch die Geschwindigkeiten ab, mit welcher die Temperaturen der einzelnen Punkte der Mitteltemperatur ihrer Umgebung zustreben.

Da der Exponent von e in obiger Gleichung immer negativ bleibt, nähert sich der Wert von T mit wachsender Zeit immer mehr dem Werte $T = C + Ds$, mit dem er für $t = \infty$ zusammenfällt.

Die aufgestellte Formel wird daher nur für solche Fälle benützt werden können, welche schließlich den sogenannten stationären „Wärmestrom" herbeiführen oder den vollständigen Temperaturausgleich mit der Umgebung bewirken.

Die Wärmeeinwirkung auf die Oberflächen findet entweder durch Berührung und Leitung oder durch Strahlung oder durch eine Kombination der beiden Arten der Wärmemitteilung statt. Für die Wärmeübertragung durch Berührung und Leitung gilt an der Oberfläche $s = 0$ die Beziehung

$$\lambda_1 \frac{\partial T_1}{\partial s}\bigg|_{s=0} = \lambda \frac{\partial T}{\partial s}\bigg|_{s=0},$$

worin λ_1 die Wärmeleitungszahl für das die Oberfläche berührende Mittel und T_1 als Funktion von t und s die Temperaturverteilung im berührenden Mittel bedeuten. Die Gleichung bedeutet, daß die vom berührenden Mittel, ob dies nun fest, flüssig oder gasförmig sei, in der Zeiteinheit abgegebene Wärme gleich der von der Platte aufgenommenen Wärme ist. Wenn die Oberfläche der Platte von einem flüssigen oder gasförmigen Mittel berührt wird, so hat man sich eine an der Oberfläche der Platte haftende sehr dünne und unbewegliche Schicht zu denken, in welcher sich, wegen der sehr geringen Dicke dieser Schicht, in unendlich kurzer Zeit ein lineares Temperaturgefälle einstellt, so daß gesetzt werden kann:

$$\lambda_1 \frac{\partial T_1}{\partial s} = \lambda_1 \frac{T - T_a}{\delta s}$$

worin T_a die Temperatur des flüssigen oder gasförmigen Mittels bedeutet.

Die Dicke der Schicht δs hängt von der Natur des flüssigen oder gasförmigen Mittels und dessen jeweiligem Bewegungszustand ab. Der Quotient $\frac{\lambda_1}{\delta s} = h$ heißt in der Physik „äußere Leitungsfähigkeit" und ist der reziproke Wert des sogenannten Wärmeübergangswiderstandes von einem Mittel in das andere. An der Oberfläche $s = 0$ besteht demnach für flüssige und gasförmige Mittel, die sie berühren, die Beziehung:

$$h\,(T - T_a) = \lambda\,\frac{\partial T}{\partial s}$$

Als beiläufige Mittelwerte von h können folgende Zahlen gelten: $h = 20$ für die Berührung von Metall und Luft; $h = 1000$ für die Berührung von Metall und Wasser; $h = 6000{-}10000$ für die Berührung von Metall und siedendem Wasser je nach dem Bewegungszustand. Kommt bei gasförmigen Mitteln noch Wärmemitteilung durch Strahlung hinzu, so ist dieser durch entsprechende Wahl des Wertes h Rechnung zu tragen.

Wenn die Zahl h gegenüber λ sehr groß ist, so fällt bei endlichem Temperaturgefälle in der Platte die Differenz $T - T_a$ sehr klein aus, so daß es tatsächlich gelingt, durch geeignete Mittel die Temperatur einer Plattenoberfläche auch bei veränderlichem Temperaturgefälle in der Platte konstant zu erhalten. So kann man beispielsweise annehmen, daß die Oberfläche einer von siedendem Wasser berührten Metallplatte dauernd die Temperatur von 100^0 besitze, wenn das Sieden unter atmosphärischem Drucke stattfindet. Ist hingegen der Widerstand des Wärmeüberganges von der Plattenoberfläche zum berührenden Mittel oder umgekehrt sehr groß, die Zahl h somit klein, so ist die Temperatur der Plattenoberfläche, so lange der stationäre Zustand nicht erreicht ist, nach Maßgabe des Übergangswiderstandes, des Leitungsvermögens und der jeweilig bestehenden Temperaturdifferenz veränderlich. Die folgenden Ausführungen werden die beiden Fälle näher beleuchten.

Fünftes Kapitel.

Die Temperaturen beider Oberflächen werden konstant erhalten.

Mathematisch wird diese Bedingung dadurch ausgedrückt, daß der erste Differentialquotient nach der Zeit sowohl für die Oberfläche $s = 0$ wie für die Oberfläche $s = S$ gleich Null gesetzt wird:

$$\frac{\partial T}{\partial t}_{s=0} = 0 \ \text{ und } \ \frac{\partial T}{\partial t}_{s=S} = 0$$

Aus der allgemeinen Gleichung ergibt sich, unter Hinweglassung der Summenzeichen

$$\frac{\partial T}{\partial t} = -a^2 m^2 A_m \cos(ms)\, e^{-a^2 m^2 t} - a^2 m^2 B_m \sin(ms)\, e^{-a^2 m^2 t}$$

somit für $s = 0$

$$\frac{\partial T}{\partial t}_{s=0} = -a^2 m^2 A_m\, e^{-a^2 m^2 t}$$

Da der Wert $m = 0$ schon vorweggenommen ist, kann dieser Ausdruck nur dann gleich Null sein, wenn sämtliche Koeffizienten A_m der Summe gleich Null sind.

Es bleibt somit für $s = S$

$$\frac{\partial T}{\partial t}_{s=S} = -a^2 m^2 B_m \sin(mS)\, e^{-a^2 m^2 t}$$

Dieser Ausdruck kann auf zweierlei Art gleich Null werden, wovon die eine Art dem stationären Zustand, die andere Art dem veränderlichen Zustand entspricht.

1. Setzt man sämtliche Koeffizienten B_m der Summe gleich Null, so wird der Ausdruck für die Temperatur T von der Zeit unabhängig und lautet:

$$T = C + Ds$$

Über den stationären Zustand ist nichts weiter zu bemerken.

2. Wenn B_m nicht gleich Null gesetzt wird, so wird der Ausdruck für $\dfrac{\partial T}{\partial t}$ gleichwohl gleich Null, wenn m ($s = S$) folgende Werte erhält:

$$m = \frac{\pi}{S}, \ \frac{2\pi}{S}, \ \frac{3\pi}{S}, \ \frac{4\pi}{S} \ \ldots \ldots \text{ usw.}$$

Bedeutet K irgend eine positive ganze Zahl, so kann man $m = \dfrac{K\pi}{S}$ setzen, wonach der allgemeine Ausdruck für T lautet:

$$T = C + Ds + \sum_{K=1}^{K=\infty} B_K \sin\left(\frac{K\pi}{S}s\right) e^{-\frac{a^2 K^2 \pi^2}{S^2}t}$$

Für $t = 0$ erhält man den Ausdruck für die ursprüngliche Temperaturverteilung:

$$T_{t=0} = C + Ds + B_1 \sin\left(\frac{\pi}{S}s\right) + B_2 \sin\left(\frac{2\pi}{S}s\right) +$$
$$+ B_3 \sin\left(\frac{3\pi}{S}s\right) + \ldots$$

1. Beispiel: *Die Temperatur beider Oberflächen sei konstant 100⁰ C.*

Setzt man $t = \infty$ und $s = 0$, dann erhält man aus dem allgemeinen Ausdruck für T:

$$100 = C, \text{ und für } s = S:$$
$$100 = 100 + DS, \text{ somit } D = 0$$

Die ursprüngliche Temperaturverteilung ist daher:

$$T_{t=0} = 100 + B_1 \sin\left(\frac{\pi}{S}s\right) + B_2 \sin\left(\frac{2\pi}{S}s\right) +$$
$$+ B_3 \sin\left(\frac{3\pi}{S}s\right) + \ldots$$

Um weiter rechnen zu können, müssen irgendwelche ziffermäßigen Angaben über die ursprüngliche Temperaturverteilung vorliegen. Beispielsweise sei die

Temperatur in der halben Dicke der Platte mit 50^0 festgestellt. Für $s = \dfrac{S}{2}$ und $T = 50$ erhält man:

$$50 = 100 + B_1 - B_3 + B_5 - B_7 + \ldots$$

Unter der Bedingung, daß diese Gleichung erfüllt ist, kann man die Koeffizienten B ganz beliebig wählen, man erhält immer einen Ausdruck für T, welcher für $s = 0$ und $s = S$ den Wert von 100 und für $s = S/2$ den Wert von 50 ergibt. Die einfachste Lösung erhält man, wenn alle Koeffizienten, mit Ausnahme von B_1 gleich Null gesetzt werden. Man erhält alsdann $B_1 = -50$ und

$$T = 100 - 50 \sin\left(\frac{\pi}{S} s\right) e^{-\frac{a^2 \pi^2}{S^2} t}$$

Die Temperaturverteilung zur Zeit $t = 0$ ist in Fig. 5 gezeichnet.

Wenn die Platte aus Gußeisen besteht und 200 mm Stärke besitzt, so daß $\lambda = 40$, $\gamma c = 900$, somit $a^2 = 0,044$ angesetzt werden kann, ergibt sich

$$T = 100 - 50 \sin(15,71\, s)\, e^{-10,97\, t}$$

Die Temperaturverteilungen, wie sie sich daraus berechnet nach Ablauf der 1., 2., 3. usw. bis 10. Minute in der Platte finden, sind in Fig. 5 mit dünnen Linien eingezeichnet. Am Ende der 10. Minute beträgt die Temperatur der mittleren Plattenschicht 92^0, nach Ablauf von 25,2 Minuten $99,5^0$.

Wäre die ursprüngliche Temperaturverteilung durch die Temperaturen mehrerer Schichten im Innern der Platte gegeben gewesen, anstatt nur der der mittelsten, wie hier angenommen war, so wäre das Resultat der Berechnung, wenn man ganz abnorme Temperaturverteilungen ausschließt, allerdings etwas, jedoch nicht wesentlich anders ausgefallen.

Es sei beispielsweise angenommen, daß zur Zeit $t = 0$ die Temperatur von 50^0 nicht nur in der mittelsten Schicht, sondern auch in der Tiefe von $s = \dfrac{S}{4}$ vorhan-

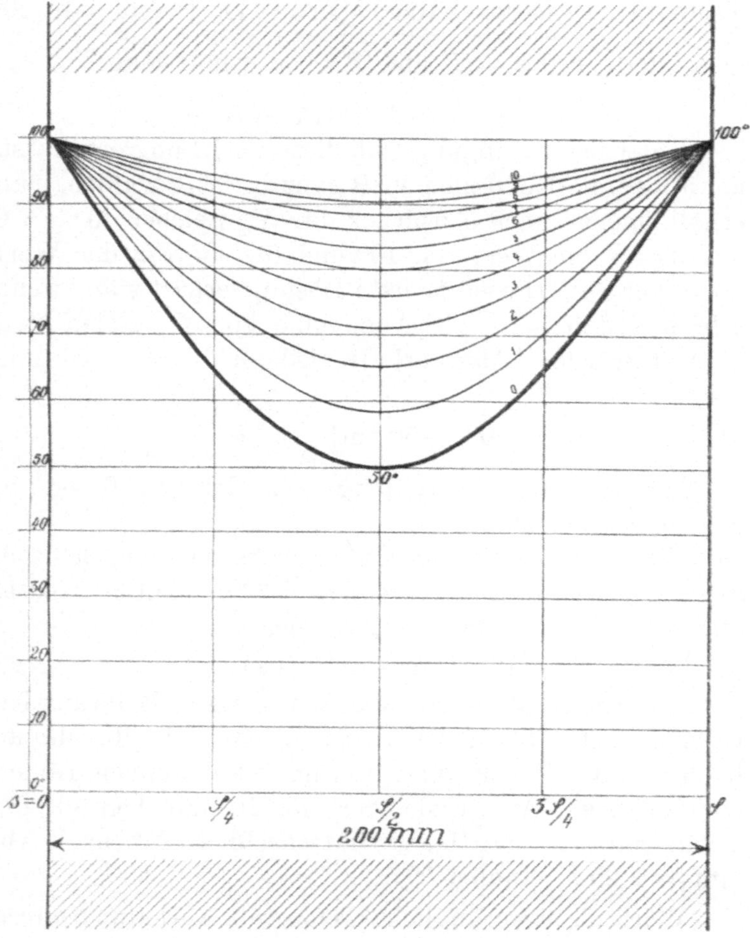

Fig. 5.

den sei. Zu der früheren Bedingungsgleichung
$$50 = 100 + B_1 - B_3 + B_5 - B_7 + \ldots$$
käme alsdann noch hinzu:
$$50 = 100 + \frac{B_1}{\sqrt{2}} + B_2 + \frac{B_3}{\sqrt{2}} - \frac{B_5}{\sqrt{2}} - B_6 - \frac{B_7}{\sqrt{2}} + \frac{B_9}{\sqrt{2}} + \ldots$$

Hier bietet sich die einfachste Lösung, wenn alle Koeffizienten von B_3 aufwärts gleich Null gesetzt werden. Man erhält $B_1 = -50$, $B_2 = -14,64$ und

$$T = 100 - 50 \sin(15,71\,s)\,e^{-10,97\,t} - 14,64 \sin(31,41\,s)\,e^{-43,86\,t}$$

Da der negative Exponent von e im letzten Gliede viermal so groß als im vorhergehenden ist, so ist der Einfluß des letzten Gliedes schon nach sehr kurzer Zeit verschwindend klein, obwohl die ursprüngliche Temperaturverteilung, wie Fig. 6 zeigt, sich von den früher betrachteten wesentlich unterscheidet. Die punktierten Linien zeigen die beiden Sinuslinien, deren Summe die ursprüngliche Temperaturverteilung darstellt.

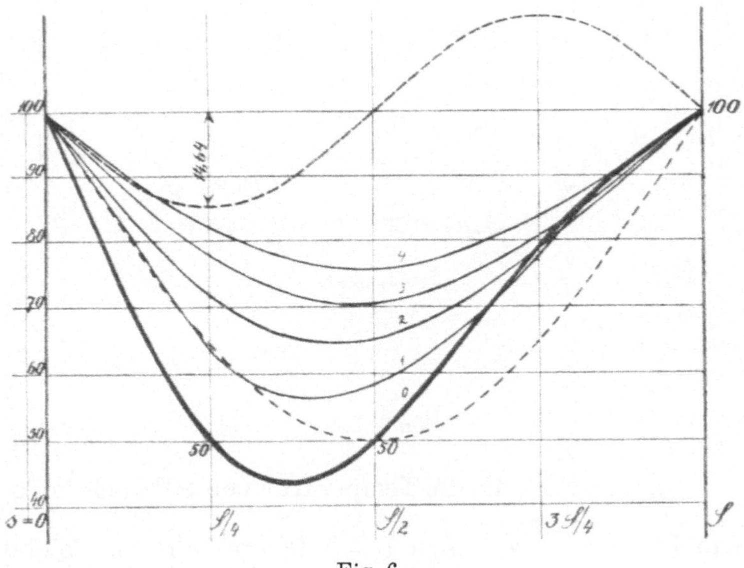

Fig. 6.

Da der Sinus höchstens den Wert 1 erreichen kann, so ist leicht zu berechnen, wie lange der Einfluß des letzten Gliedes von Bedeutung ist. Vernachlässigt man etwa Beträge von weniger als $\frac{1}{2}^0$, so erhält man aus

$$\frac{1}{2} = 14,64\,e^{-43,86\,t}$$

mit $t = 0,0768$ Std. $= 4,6$ Min. die Zeit, nach welcher das letzte Glied wegfällt.

Die Temperaturverteilung ist alsdann:
$$T = 100 - 21{,}5 \sin (15{,}71\,s)$$
$$t = 0{,}077$$

Nach 4,6 Minuten ist somit der Unterschied der Temperaturverteilungen zwischen Fig. 5 und Fig. 6 vollständig verschwunden.

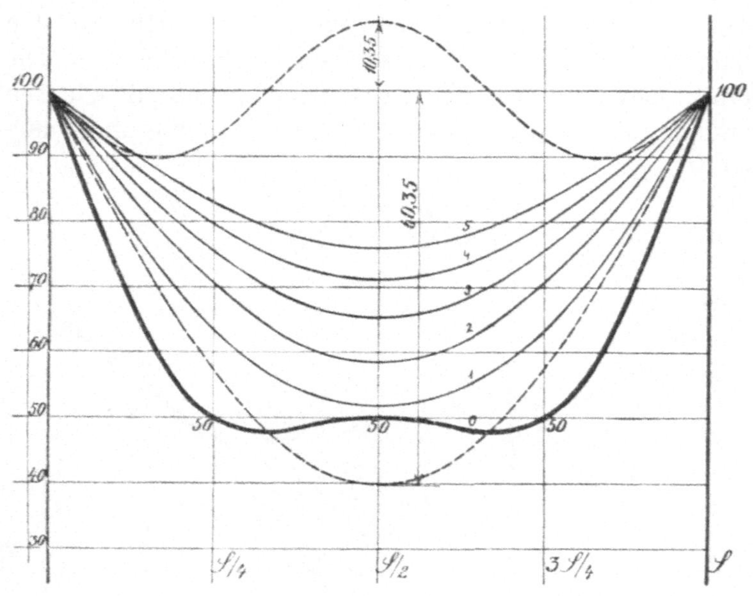

Fig. 7.

Für den Fall, als die Temperatur von 50° auch in der Schichte $s = \dfrac{3\,S}{4}$ zur Zeit $t = 0$ festgestellt sei, bietet Fig. 7 ein Bild der ursprünglichen Temperaturverteilung. Zu den früheren Bedingungsgleichungen kommt alsdann noch hinzu:

$$50 = 100 + \frac{B_1}{\sqrt{2}} - B_2 + \frac{B_3}{\sqrt{2}} - \frac{B_5}{\sqrt{2}} + \dots$$

wonach man erhält:

$$B_1 = -60{,}35; \; B_2 = 0; \; B_3 = -10{,}35$$
$$T = 100 - 60{,}35 \sin (15{,}71\,s)\, e^{-10{,}97\,t} - 10.35 \sin (47{,}12\,s)\, e^{-98{,}73\,t}$$

Es berechnet sich leicht, daß nach 1,5 Minuten der Einfluß des letzten Gliedes nur mehr Bruchteile eines Grades beträgt.

Man kann nun sogar so weit gehen, anzunehmen, daß die Platte zur Zeit $t = 0$ in allen Schichten mit Ausnahme der beiden Oberflächen, an welchen die Temperatur von 100^0 herrscht, die Temperatur von 50^0 besitze. Setzt man alle Koeffizienten B mit geradem Zeiger gleich Null und gibt den Koeffizienten B_1, B_3, B_5 usw. der Reihe nach die Werte:

$$-\frac{200}{\pi}, \ -\frac{200}{3\pi}, \ -\frac{200}{5\pi} \ \ldots \ \text{usw.,}$$

so erhält man für $t = 0$:

$$\underset{t=0}{T} = 100 - \frac{200}{\pi}\left[\sin\left(\frac{\pi}{S}s\right) + \frac{1}{3}\sin\left(\frac{3\pi}{S}s\right) + \right.$$
$$\left. + \frac{1}{5}\sin\left(\frac{5\pi}{S}s\right) + \ldots \right]$$

Für alle Werte von s zwischen $s = 0$ und $s = S$ erhält man $T = 50$, nur für die beiden Werte $s = 0$ und $s = S$ ergibt sich $T = 100$. Ebenso ist für alle Werte von s zwischen $s = 0$ und $s = S$ das Temperaturgefälle $\frac{\partial T}{\partial s} = 0$, dagegen für den Wert $s = 0: \underset{s=0}{\frac{\partial T}{\partial s}} = -\infty$ und für $s = S$ $\underset{s=S}{\frac{\partial T}{\partial s}} = +\infty$.

Rechnet man die Koeffizienten aus und setzt sie in den allgemeinen Ausdruck für T ein, so erhält man:

$$T = 100 - 63{,}66 \sin(15{,}71\,s)\,e^{-10{,}97\,t} -$$
$$- 21{,}22 \sin(47{,}12\,s)\,e^{-98{,}73\,t} - 12{,}73 \sin(78{,}54\,s)\,e^{-274.3\,t} - \ldots$$

Der Einfluß des vierten Gliedes beträgt schon nach Ablauf von 0,6 Min. nur mehr Bruchteile eines Grades. (Fig. 8.)

Man kann den zuletzt gefundenen Ausdruck als die Lösung der Aufgabe ansehen, die zeitlichen Temperaturänderungen einer gußeisernen Platte von 200 mm Dicke

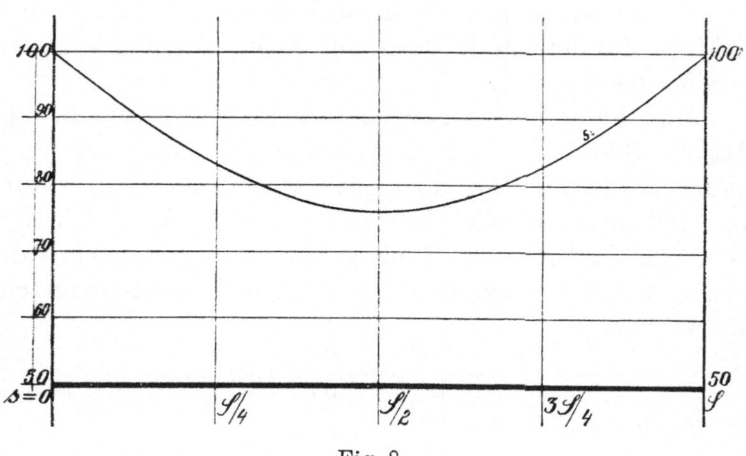

Fig. 8.

festzustellen, die bei einer gleichmäßigen Temperatur von 50°, „plötzlich" in siedendes Wasser von 100° eingetaucht wird.

Die in der eckigen Klammer in dem Ausdruck für T enthaltene Reihe
$_{=0}$

$$\sin\left(\frac{\pi}{S}s\right) + \frac{1}{3}\sin\left(\frac{3\pi}{S}s\right) + \frac{1}{5}\sin\left(\frac{5\pi}{S}s\right) + \cdots$$

ist für alle Werte zwischen $s = 0$ und $s = S$ bedingt konvergent, d. h. sie konvergiert nicht von Glied zu Glied und kann daher auch nicht bei einem beliebigen Glied abgebrochen werden; immerhin hat die Summe der unendlichen Anzahl Glieder einen endlichen Wert, um welchen die Teilsummen abschnittweise mit immer geringeren Ausschlägen oszillieren. Für $s = \dfrac{S}{2}$ erhält man die Reihe:

$$1 - \frac{1}{3} + \frac{1}{5} - \frac{1}{7} + \frac{1}{9} - \frac{1}{11} + \ldots\ldots = \frac{\pi}{4} = 0{,}7854$$

Für $s = \dfrac{S}{4}$ erhält man die Reihe:

$$\frac{1}{\sqrt{2}}\left(1 + \frac{1}{3} - \frac{1}{5} - \frac{1}{7} + \frac{1}{9} + \frac{1}{11} - \ldots\ldots\right) = \frac{\pi}{4} = 0{,}7854$$

Dagegen ist die in dem Ausdruck für T enthaltene Reihe, in welcher die Sinus mit den negativen e-Potenzen multipliziert auftreten, absolut konvergent.

Vergleicht man nun die bei diesem Beispiele betrachteten 4 Fälle verschiedener ursprünglicher Temperaturverteilung miteinander und legt sich die Frage vor, wie lange dauert es, bis die Wärme von den Oberflächen so tief in die Platte eingedrungen ist, daß der Unterschied zwischen der Temperatur der mittelsten Schicht und der der Oberflächen nur mehr $1/_2{}^0$ beträgt, so gilt sowohl für den ersten, durch Fig. 5 dargestellten Fall, wie für den zweiten, durch Fig. 6 dargestellten Fall:

$$\frac{1}{2} = 50\, e^{-\,10,97\,t}$$

$$t = \frac{\log \text{nat} \; 100}{10,97} = 0,42 \text{ St., d. i. } 25 \text{ Min.}$$

Für den dritten, durch Fig. 7 dargestellten Fall gilt:

$$t = \frac{\log \text{nat} \; 120,7}{10,97} = 0,44 \text{ Std., d. i. } 26 \text{ Min.}$$

Für den letzten Fall der ursprünglich gleichmäßig verteilten Temperatur von 50^0, ergibt sich:

$$t = \frac{\log \text{nat} \; 127,32}{10,97} = 0,44 \text{ Std., d. i. } 26 \text{ Min.}$$

Die ursprüngliche Temperaturverteilung bewirkt in den hier betrachteten Fällen somit keine großen Unterschiede der Erwärmungszeiten.

Der schließliche Wärmeinhalt der Platte beträgt für 1 qm Oberfläche

$$0,2 \times 900 \times 100 = 18000 \text{ Cal.}$$

Der ursprüngliche Wärmeinhalt in jedem einzelnen Fall berechnet sich aus $900 \int_{\substack{t=0 \\ o}}^{s} T \cdot ds$ für den ersten und zweiten Fall zu 12271 Cal., für den dritten Fall zu 11484 Cal. und für den letzten Fall zu 9000 Cal. für je 1 qm Plattenoberfläche. In nahezu gleichen Zeiten strömen daher von den beiden Oberflächen zusammen 5729, 6516 bzw. 9000 Cal. in das Material der Platte.

2. Beispiel. *Die Temperatur der einen Oberfläche sei konstant 200⁰, die Temperatur der anderen Oberfläche konstant 100⁰.*

Die betrachtete Platte sei aus Gußeisen und habe 200 mm Stärke.

Aus den beiden Gleichungen

$$\underset{t=\infty}{T} = C + Ds \quad \text{und}$$

$$\underset{t=0}{T} = C + Ds + B_1 \sin\left(\frac{\pi}{S}s\right) + B_2 \sin\left(\frac{2\pi}{S}s\right) + \ldots$$

ergibt sich, je nachdem, ob die Temperatur von 200⁰ an der Oberfläche $s = 0$ oder an der Oberfläche $s = S$ erhalten wird, entweder

$$\underset{t=0}{T} = 200 - 500\,s + B_1 \sin\left(\frac{\pi}{S}s\right) + B_2 \sin\left(\frac{2\pi}{S}s\right) + \ldots$$

oder

$$\underset{t=0}{T} = 100 + 500\,s + B_1 \sin\left(\frac{\pi}{S}s\right) + B_2 \sin\left(\frac{2\pi}{S}s\right) + \ldots$$

Aus den Angaben, die über die ursprüngliche Temperaturverteilung vorliegen, werden die Koeffizienten B_1, B_2 usw. in derselben Weise, wie beim 1. Beispiel gezeigt worden ist, berechnet.

Liegt etwa nur die Feststellung vor, daß in der Schichte $s = \dfrac{S}{6} = 0{,}0333$ die Temperatur von $158^1/_3{}^0$ herrsche, so erhält man aus

$$158^1/_3 = 200 - 500 \cdot \frac{0{,}2}{6} + \frac{1}{2}\,B_1$$

$$B_1 = -50 \quad \text{und}$$

$$T = 200 - 500\,s - 50 \sin\left(\frac{\pi}{S}s\right) e^{-10{,}97\,t}$$

für die zeitlichen Werte der Temperaturen, wenn die Oberfläche $s = 0$ auf 200⁰ erhalten wird. (Fig. 9.)

Anderseits erhält man aus

$$158^1/_3 = 100 + 500 \frac{0{,}2}{6} + \frac{1}{2}\,B_1$$

$$B_1 = 83^1/_3 \quad \text{und}$$

$$T = 100 + 500\,s + 83{,}33 \sin\left(\frac{\pi}{S}s\right) e^{-10{,}97\,t}$$

für den Fall, daß die Oberfläche $s = S$ auf 200^0 erhalten wird. (Fig. 10.) Der Unterschied der beiden Fälle geht aus den Figuren 9 und 10 deutlich hervor.

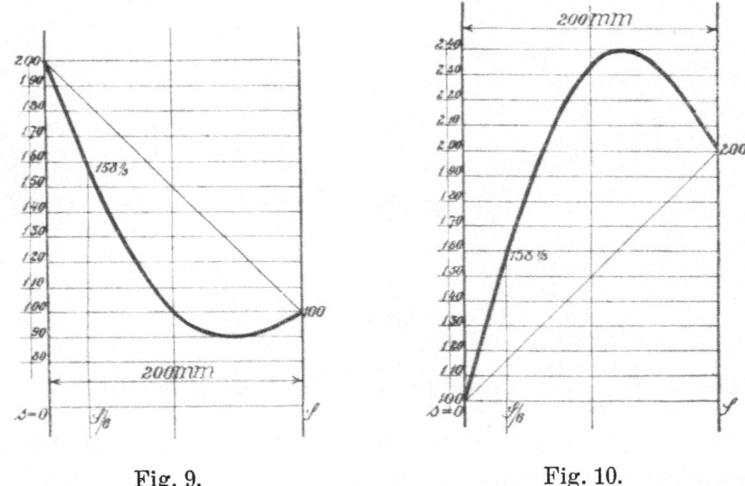

Fig. 9.　　　　　　　　Fig. 10.

Ist hingegen die Temperaturverteilung in der Platte ein Spiegelbild der in Fig. 9 gezeichneten, so herrscht die Temperatur von $158^1/_3{}^0$ in der Schichte $s = \dfrac{5}{6}\,S$ und man erhält

$$T = 100 + 500\,s - 50 \sin\left(\frac{\pi}{S}s\right) e^{-10{,}97\,t}$$

Die zugehörige ursprüngliche Temperaturverteilung ist in Fig. 11 gezeichnet.

Bei dem schließlich erreichten stationären Zustand hat die mittelste Schicht eine Temperatur von 150^0. Be-rechnet man die Länge der Zeit, welche vergeht, bis die mittelste Schichte der Temperatur von 150^0 bis auf $^1/_2{}^0$ nahe gekommen ist, wenn die ursprüngliche Temperatur-verteilung Fig. 9 oder Fig. 11 entsprochen hätte, so erhält man aus

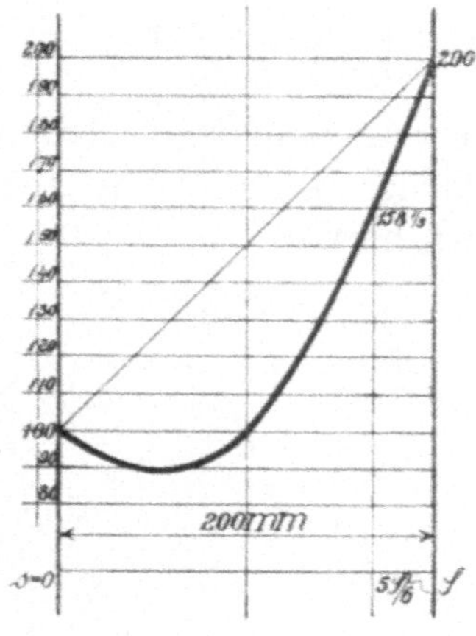

Fig. 11.
Fig. 12.

$$\frac{1}{2} = 50\,e^{-10,97\,t}$$

$$t = \frac{\log \text{ nat } 100}{10,97} = 0,42 \text{ Std., d. i. 25 Minuten.}$$

Die Übereinstimmung des Resultates mit demjenigen, welches sich mit Bezug auf Fig. 5 des 1. Beispiels ergibt, erklärt sich daraus, daß in den beiden Fällen auf dieselben Zeiträume gleiche Wärmemengen entfallen, die in die Platte gelangen. Für Fig. 5 Beispiel 1 gilt:

$$- \lambda \frac{\partial T}{\partial s}\bigg|_{s=0} = \lambda \frac{\partial T}{\partial s}\bigg|_{s=S} = 50\,\frac{\pi}{S}\,\lambda = 31416$$

für den Zeitpunkt $t = 0$, d. h. in diesem Zeitpunkt beträgt die Wärmezufuhr durch jede der beiden Oberflächen 31416 Calorien auf den Quadratmeter stündlich, zusammen also 62832 Calorien.

Für denselben Zeitpunkt $t = 0$ ergibt sich für Fig. 9 die Wärmezufuhr durch die Oberfläche $s = 0$:

$$- \lambda \frac{\partial T}{\partial s}\bigg|_{s=0} = \lambda \left(500 + 50\,\frac{\pi}{S} \right) = 51416 \text{ Cal.}$$

und die Wärmezufuhr durch die Oberfläche $s = S$:

$$\lambda \frac{\partial T}{\partial s}\bigg|_{s=S} = \lambda \left(-500 + 50\,\frac{\pi}{S} \right) = 11416 \text{ Cal.}$$

Die Summe beider beträgt wie oben 62832 Cal.

Durch die Oberfläche $s = S$ strömt nur kurze Zeit Wärme ein und aus der Gleichung

$$\frac{\partial T}{\partial s}\bigg|_{s\,=\,S} = -500 + 50\,\frac{\pi}{S}\,e^{-10,97\,t} = 0$$

berechnet sich, daß nach Ablauf von 2,47 Minuten von der Oberfläche $s = S$ Wärme an das berührende Mittel abgegeben wird.

Wenn in dem Ausdruck

$$T\big|_{t\,=\,0} = 200 - 500\,s + B_1 \sin\left(\frac{\pi}{S}s\right) + B_2 \sin\left(\frac{2\pi}{S}s\right) + \ldots$$

die Koeffizienten B_1, B_2, B_3 usw. der Reihe nach die Werte $-\dfrac{200}{\pi}$, $-\dfrac{200}{2\pi}$, $-\dfrac{200}{3\pi}$ usw. erhalten, so entspricht dies einer ursprünglichen Temperaturverteilung, bei welcher alle Punkte der Platte die Temperatur von 100^0 besitzen, mit Ausnahme der Punkte in der Oberfläche $s = 0$, welche auf der Temperatur von 200^0 gehalten wird. (Fig. 12.) Rechnet man die Werte für das vorgesetzte Beispiel aus, so erhält man

$$T = 200 - 500\,s - 63,66 \sin(15,71\,s)\,e^{-10,97\,t} -$$
$$- 31,83 \sin(31,41\,s)\,e^{-43,86\,t} - 21,22 \sin(47,12\,s)\,e^{-98,7\,t} - \ldots$$

Auch hier findet man leicht, daß der Einfluß der beiden letztangegebenen Glieder nach 5,7 Minuten verschwunden ist und daß der stationäre Zustand bis auf $1/_2{}^0$ Differenz in der mittelsten Schicht in 26 Minuten erreicht ist.

Die Bedeutung der in dem allgemeinen Ausdruck für den zeitlichen Temperaturverlauf enthaltenen Koeffizienten und Parameter ist aus den mitgeteilten Beispielen deutlich zu erkennen. Diese würden in der Tat ihren Zweck nur unvollkommen erfüllen, wenn ihre Resultate nur auf die besonderen Fälle anzuwenden wären, wie sie durch die willkürlichen und dabei ganz bestimmten Annahmen der Ziffern und Beschreibung gegeben sind. Auch läßt sich leicht zeigen, daß die in den einzelnen Beispielen für eine 200 mm starke gußeiserne Platte ausgerechneten Ziffernresultate bei geeigneter Wahl der Einheiten auch für andere Materialien und Materialstärken gültig sind.

In der für konstant erhaltene Temperaturen der Oberflächen gültigen allgemeinen Gleichung

$$T = C + Ds + \Sigma B_K \sin\left(\frac{K\pi}{S} s\right) e^{\frac{-a^2 K^2 \pi^2 t}{S^2}}$$

sind C und B_K von der Dicke der Platte und der Art ihres Materials vollkommen unabhängige Größen. Die Konstante C gibt die Höhe der Temperatur an, auf welcher die Oberfläche $s = 0$ gehalten wird.

Der Koeffizient D gibt den Wert des schließlich bei Erreichung des stationären Zustandes in der Platte vorhandenen Temperaturgefälles an. Wenn also T_o und T_S die an den Oberflächen $s = 0$ und $s = S$ konstant erhaltenen Temperaturen bedeuten, so kann der allgemeine Ausdruck für T auch folgendermaßen geschrieben werden:

$$T = T_o + (T_S - T_o)\frac{s}{S} + \Sigma B_K \sin\left(K\pi\frac{s}{S}\right) e^{-\frac{a^2}{S^2} K^2 \pi^2 t}$$

Betrachtet man nun $\frac{s}{S}$ als Veränderliche innerhalb der Grenzen 0 und 1, so sind mit Ausnahme des Exponenten von e sämtliche Koeffizienten und Parameter der rechten Seite der Gleichung vom Material und der Stärke der Platte unabhängig.

Die Variable t erscheint nur im Exponenten von e und ist dort multiplikativ mit dem Quotienten aus dem Temperaturleitungskoeffizienten a^2 des Materials durch das Quadrat der Materialstärke S verbunden. Wenn man daher als Zeiteinheit nicht 1 Stunde, sondern a^2/S^2 Stunden betrachtete, so würden die Ziffern in den Gleichungen bei gegebener ursprünglicher Temperaturverteilung vollkommen identisch sein, welches immer Stärke und Material der betrachteten Platten sei. Allerdings müßte man, um zur normalen Zeitrechnung nach Stunden zurückzukehren, die in den Resultaten enthaltenen Zeitangaben schließlich mit S^2/a^2 multiplizieren.

Ist man aber schon im Besitz der Lösungen einer Aufgabe, die sich auf bestimmtes Material und bestimmte Materialstärke bezieht, so können daraus die Resultate für andere Materialien und andere Materialstärken durch einfache Multiplikation mit den Verhältniszahlen von S^2/a^2 abgeleitet werden.

Für das Eisen der berechneten Beispiele gelten folgende Zahlen:
$$\gamma = 7500; \quad c = 0{,}12; \quad \lambda = 40; \quad a^2 = 0{,}044; \quad S = 0{,}2;$$
für Kupfer würde gelten:
$$\gamma = 9000; \quad c = 0{,}09; \quad \lambda = 320; \quad a^2 = 0{,}4;$$
für Beton würde gelten:
$$\gamma = 2000; \quad c = 0{,}2; \quad \lambda = 1; \quad a^2 = 0{,}0025.$$

Der Temperaturleitungskoeffizient von Kupfer ist somit neunmal so groß als der von Eisen und der Temperaturleitungskoeffizient von Eisen 17,78 mal so groß als der von Beton. Verhalten sich daher die Materialstärken so wie die Wurzeln aus diesen Verhältniszahlen, so ist die zeitliche Änderung der Temperaturverteilung in der Eisenplatte genau so wie die in der Kupferplatte oder in der Betonplatte.*)

Die in den Figuren 5—12 eingetragenen Kurven und die Minutenziffern gelten demnach unverändert ebensowohl für eine 200 mm starke Eisenplatte wie für eine 600 mm starke Kupferplatte oder eine 47,4 mm starke Betonplatte. Dort, wo in diesen Figuren die Plattenstärke mit 200 mm eingeschrieben ist, wird man diese Ziffer durch 600 mm bei Kupfer oder durch 47,4 mm bei Beton zu ersetzen haben.

---

*) Allerdings liegen für Beton verläßliche Ziffern nicht vor; dies tut aber nichts zur Sache. Beton vertritt hier ein Material, für welches die schätzungsweise eingesetzten Ziffern zutreffen.

Dieselben Figuren gelten aber auch bei gleicher Plattenstärke von 200 mm für Kupfer und Beton, wenn die eingeschriebenen Minutenziffern bei Kupfer durch 9 dividiert und bei Beton mit 17,78 multipliziert werden. Daraus ergibt sich, daß bei den in den Beispielen angenommenen ursprünglichen Temperaturverteilungen der stationäre Zustand bis auf $\frac{1}{2}$ Grad Differenz in der mittleren Schicht, in einer 200 mm starken Kupferplatte ungefähr in 3 Minuten, in einer ebenso starken Betonplatte aber erst nach $7\frac{1}{2}$ Stunden erreicht ist.

Sechstes Kapitel.

Die Temperatur der einen Oberfläche ist konstant, die Temperatur der anderen Oberfläche ist veränderlich.

Wenn die Temperatur der Oberfläche $s = 0$ konstant erhalten wird, so gilt für diese die Bedingung:

$$\frac{\partial T}{\partial t}\bigg|_{s=0} = 0 \quad\dots\dots\dots\dots\dots\dots 1)$$

Allgemein gilt wie früher:

$$T = C + Ds + A_m \cos\,(ms)\,e^{-a^2 m^2 t} + B_m \sin\,(ms)\,e^{-a^2 m^2 t}$$

$$\frac{\partial T}{\partial t} = -a^2 m^2 A_m \cos\,(ms)\,e^{-a^2 m^2 t} - a^2 m^2 B_m \sin\,(ms)\,e^{-a^2 m^2 t}$$

$$\frac{\partial T}{\partial t}\bigg|_{s=0} = -a^2 m^2 A_m\,e^{-a^2 m^2 t}$$

Wenn dieser Ausdruck gemäß der Bedingung 1) gleich Null sein soll, müssen alle Koeffizienten A_m der Summe gleich Null sein.

Daher ergibt sich:

$$T = C + Ds + B_m \sin\,(ms)\,e^{-a^2 m^2 t}$$

Der den Koeffizienten A und B beigesetzte Zeiger m soll ausdrücken, daß jedem einzelnen besonderen Wert von m auch besondere Werte der Koeffizienten A und B entsprechen.

Wenn die Oberfläche $s = S$ von einem Mittel berührt wird, dessen Temperatur T_a konstant ist, so gilt die Beziehung

$$\lambda\,\frac{\partial T}{\partial s}\bigg|_{s=S} = h\,(T_a - T) \quad\dots\dots\dots\dots 2)$$

worin h die Wärmeübergangszahl von der Oberfläche zum berührenden Mittel bedeutet. Für $s = S$ ergibt sich:

$$\underset{s=S}{T} = C + DS + B_m \sin (m S)\, e^{-a^2 m^2 t}$$

$$\underset{s=S}{\frac{\partial T}{\partial s}} = D + m\, B_m \cos (m S)\, e^{-a^2 m^2 t}$$

und daraus, gemäß der Oberflächenbedingung 2):

$$D + m\, B_m \cos (m S)\, e^{-a^2 m^2 t} =$$
$$= \frac{h}{\lambda} \left(T_a - C - DS - B_m \sin (m S)\, e^{-a^2 m^2 t} \right)$$

Wenn diese Gleichung für alle Werte von t erfüllt sein soll, müssen folgende Beziehungen bestehen:

$$D = \frac{h}{\lambda} (T_a - C - DS)$$

$$m \cos (m S) = -\frac{h}{\lambda} \sin (m S).$$

Die letztere Beziehung kann auch geschrieben werden:

$$\operatorname{tang} (m S) = -\frac{\lambda}{h}\, m.$$

Die Auflösung dieser Gleichung ergibt die einzelnen Werte von m. Die noch freibleibenden Werte der Koeffizienten B_m sind alsdann so zu wählen, daß für $t = 0$ die ursprüngliche Temperaturverteilung durch den Ausdruck $T = C + Ds + \Sigma\, B_m \sin (m s)$ dargestellt wird.

3. Beispiel. *Die Temperatur der einen Oberfläche sei konstant 100°, die andere Oberfläche werde von Gasen berührt, deren Temperatur 760° beträgt.*

Die betrachtete Platte sei aus Gußeisen und habe 200 mm Stärke. Die Wärmeübergangszahl zwischen Gasen und Platte sei $h = 20$. Im übrigen gelte wie bei den früheren Beispielen:

$$\gamma c = 900,\ \lambda = 40,\ \text{somit } a^2 = 0{,}044.$$

Man findet zunächst $C = 100$ und $D = 300$, somit

$$T = 100 + 300\, s + B_m \sin (ms)\, e^{-a^2 m^2 t}$$
$$\operatorname{tang} (0{,}2\, m) = -2\, m.$$

Diese Gleichung löst man graphisch in der Weise, daß man die Kurven $y = \operatorname{tang}(0,2\,x)$ mit der Geraden $y = -2x$ zum Schnitt bringt, wobei die Abszissen x_1, x_2, x_3 usw. der Schnittpunkte die Werte für m ergeben. (Fig. 13.) Die Tangentenlinie braucht nur einmal ge-

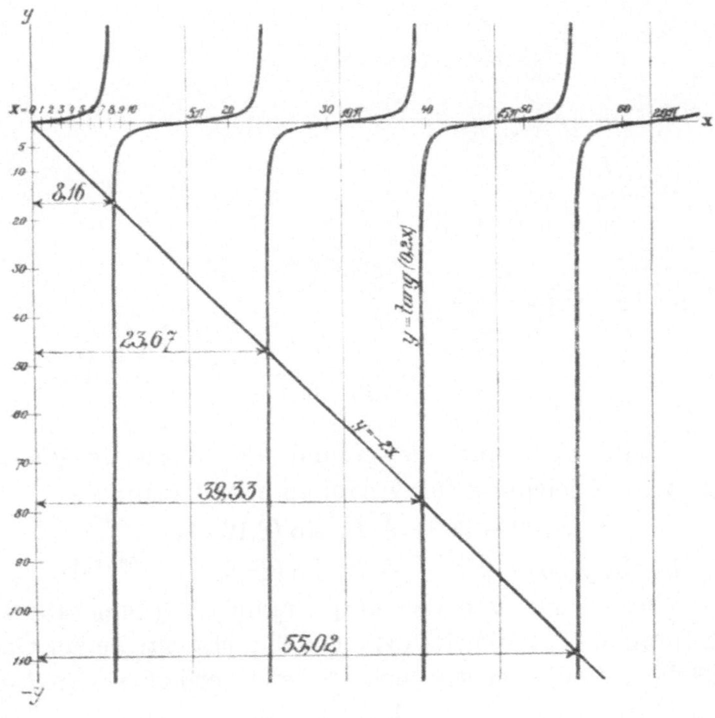

Fig. 13.

zeichnet zu werden, da sich die aufeinanderfolgenden Schnittpunkte durch parallele Verschiebung der Geraden ergeben.

Für das betrachtete Beispiel gilt Figur 14, woraus man für m folgende Werte erhält: $m = 8{,}1596$; $23{,}6677$; $39{,}3333$; $55{,}0233$; $70{,}7199$; $86{,}4169$ usw. Die Differenz der aufeinanderfolgenden Werte nähert sich immer mehr und mehr der Größe $5\,\pi$, wie dies auch aus Fig. 13 hervorgeht.

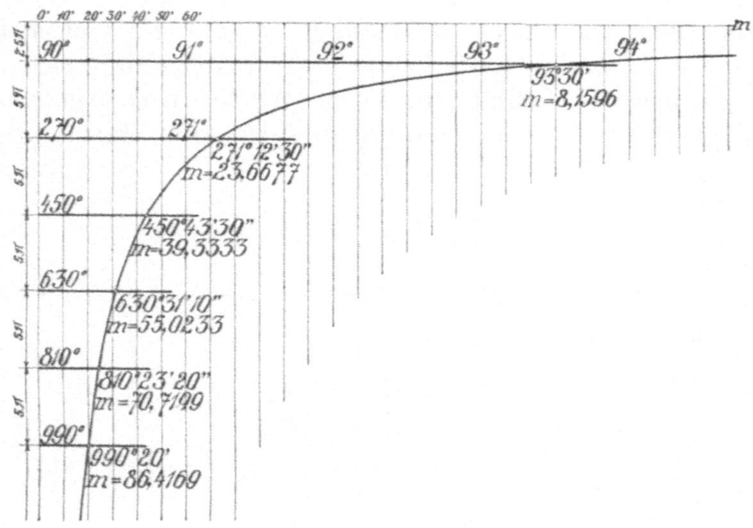

Fig. 14.

Setzt man nun die gefundenen Werte in die allgemeine Gleichung für T ein, so erhält man:

$$T = 100 + 300\,s + B_1 \sin(8{,}16\,s)\,e^{-2{,}96\,t} +$$
$$+ B_2 \sin(23{,}67\,s)\,e^{-24{,}9\,t} + B_3 \sin(39{,}33\,s)\,e^{-68{,}7\,t} + \ldots$$

Wenn nun von der ursprünglichen Temperaturverteilung, d. i. $t = 0$ bekannt ist, daß nicht nur an der Oberfläche $s = 0$, sondern auch an der Oberfläche $s = S$ und in der Schichte $s = \frac{1}{2}\,S$ die Temperatur von 100^0 herrscht, so ergeben sich aus dem Ausdruck für T, indem man s einmal gleich 0,1 und das anderemal $\overset{t=0}{\text{gleich}}$ 0,2 setzt, die beiden Gleichungen

$$- 30 = 0{,}7284\,B_1 + 0{,}6999\,B_2 \text{ und}$$
$$- 60 = 0{,}9981\,B_1 - 0{,}9998\,B_2$$

woraus sich $B_1 = -50{,}45$ und $B_2 = 9{,}64$ berechnen.

Damit erhält man die Lösung:

$$T = 100 + 300\,s - 50{,}5 \sin(8{,}16\,s)\,e^{-2{,}96\,t} +$$
$$+ 9{,}6 \sin(23{,}67\,s)\,e^{-24{,}9\,t}$$

Die ursprüngliche Temperaturverteilung ist in Fig. 16 und 17 gezeichnet. Sie stellt sich als die Summe der beiden in Fig. 15 gezeichneten Sinuslinien und der Geraden $a\,b$ dar.

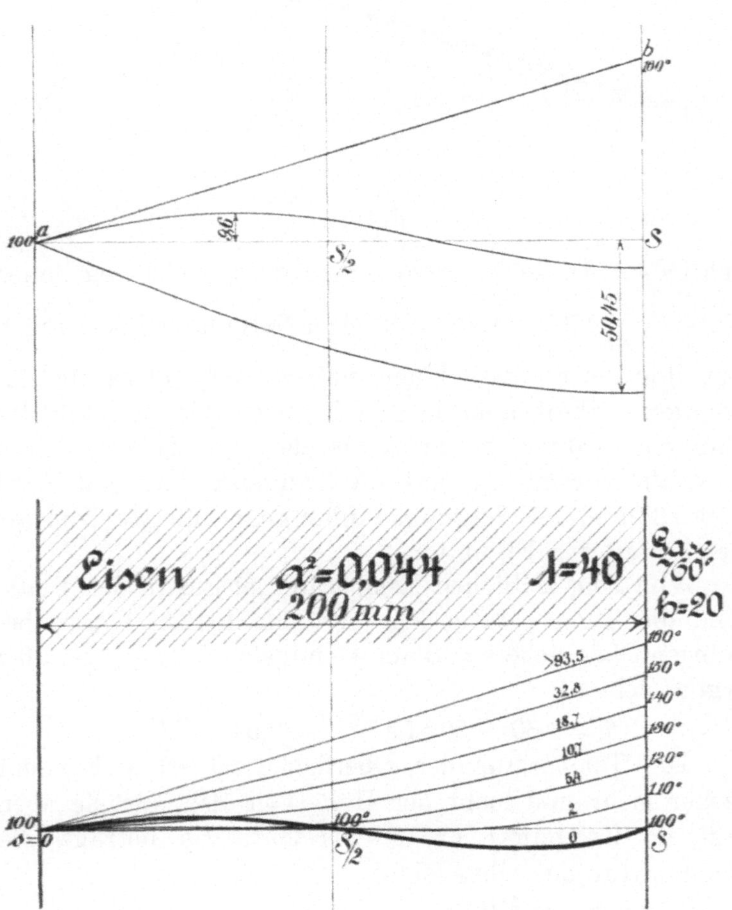

Fig. 15 und 16.

Die Linie muß mit einem Neigungswinkel, dessen Tangente $\dfrac{\partial T}{\partial s} = \dfrac{h}{\lambda}\,(T_a - T)$ beträgt, an der von den heißen Gasen berührten Oberfläche der Platte an-

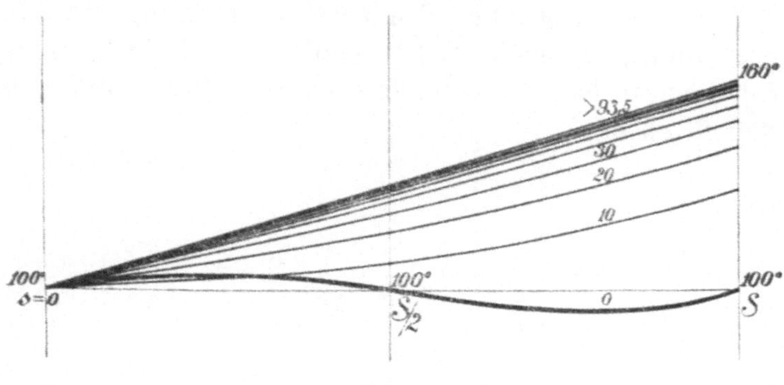

Fig. 17.

schließen. Diese Tangente beträgt in dem gegebenen Falle: $\dfrac{20}{40}\,(760-100)=330$. Der Neigungswinkel gegen die Horizontale ist daher nahezu 90° (etwa um 12′ weniger). Weil aber in den Figuren der Maßstab der Längen 1000 mal so groß als der der Temperaturen gewählt worden ist, hat die Tangente nur den Wert von 0,33 und der Neigungswinkel gegen die Horizontale beträgt in der Figur 18°.

Von dem zeitlichen Temperaturverlauf in der Platte sind die Temperaturen der von den heißen Gasen berührten Oberfläche $s = S$ am wichtigsten. Für $s = S = 0{,}2$ ergibt sich

$$T = 160 - 50{,}47\,e^{-2{,}96\,t} - 9{,}53\,e^{-24{,}9\,t}$$

Die Temperatur der Oberfläche nähert sich somit immer mehr und mehr der Höhe von 160°, die sie aber erst im Zeitpunkt $t = \infty$ erreicht. Es beträgt die Temperatur der Oberfläche

nach   0 Minuten . . . . 100°

  „   2   „   . . . . 110°

  „   5,4   „   . . . . 120°

  „ 10,7   „   . . . . 130°

  „ 18,7   „   . . . . 140°

  „ 32,8   „   . . . . 150°

  „ 93,5   „   . . . . 159,5°

Es sind somit mehr als $1^1/_2$ Stunden erforderlich, um dem stationären Zustand bis auf $0{,}5^0$ nahe zu kommen. Das Bild der zugehörigen Temperaturverteilungen ist in Fig. 16 gegeben. Fig. 17 zeigt dagegen die Temperaturverteilung, wie sie sich nach Ablauf von je 10 Minuten darstellt.

Bei der allgemeinen Bearbeitung der Aufgabe und bei dem vorstehend behandelten Beispiel ist die Voraussetzung gemacht worden, daß die Oberfläche $s = 0$ auf konstanter Temperatur erhalten wird, während die Temperatur der Oberfläche $s = S$ veränderlich ist. Wenn die Oberflächen ihre Rollen vertauschen, so stellen sich die Resultate in veränderter Form dar.

Allgemein gilt wie früher:

$$T = C + Ds + A_m \cos (ms)\, e^{-a^2 m^2 t} + B_m \sin (ms)\, e^{-a^2 m^2 t}$$

$$\frac{\partial T}{\partial t} = -a^2 m^2 A_m \cos (ms)\, e^{-a^2 m^2 t} - a^2 m^2 B_m \sin (ms)\, e^{-a^2 m^2 t}$$

Wenn die Temperatur der Oberfläche $s = S$ konstant erhalten wird, so gilt für diese die Bedingung

$$\frac{\partial T}{\partial t}\bigg|_{s=S} = 0$$

Somit ergibt sich:

$$-a^2 m^2 A_m \cos (mS)\, e^{-a^2 m^2 t} = a^2 m^2 B_m \sin (mS)\, e^{-a^2 m^2 t}$$

$$\operatorname{tang} (mS) = -\frac{A_m}{B_m}$$

Für die Oberfläche $s = 0$, welche von einem Mittel der Temperatur T_a berührt wird, gilt:

$$\lambda \frac{\partial T}{\partial s}\bigg|_{s=0} = h\, (T - T_a)\big|_{s=0}$$

Der allgemeine Ausdruck für das Temperaturgefälle lautet:

$$\frac{\partial T}{\partial s} = D - m A_m \sin (ms)\, e^{-a^2 m^2 t} + m B_m \cos (ms)\, e^{-a^2 m^2 t}$$

somit ist für $s = 0$

$$\left.\frac{\partial T}{\partial s}\right|_{s=0} = D + m\, B_m\, e^{-a^2 m^2 t}$$

$$\left. T \right|_{s=0} = C + A_m\, e^{-a^2 m^2 t}$$

Es muß somit die Beziehung bestehen:

$$D + m\, B_m\, e^{-a^2 m^2 t} = \frac{h}{\lambda}\left(C + A_m\, e^{-a^2 m^2 t} - T_a\right)$$

Aus der Bedingung, daß diese Gleichung für alle Werte von t erfüllt ist, ergibt sich:

$$D = \frac{h}{\lambda}\,(C - T_a)$$

$$m\, B_m = \frac{h}{\lambda}\, A_m$$

Für die Werte von m erhält man die Beziehung:

$$\mathrm{tang}\,(m\,S) = -\frac{\lambda}{h}\, m$$

Für T erhält man den Ausdruck:

$$T = C + Ds + A_m\left(\cos(m\,s) + \frac{h}{\lambda m}\sin(m\,s)\right)e^{-a^2 m^2 t}$$

4. Beispiel. *Die Annahmen sind dieselben wie beim 3. Beispiel; der Unterschied besteht nur darin, daß jetzt die Oberfläche $s = S$ auf der konstanten Temperatur von 100^0 erhalten wird.*

Man findet zunächst $C = 160$ und $D = -300$. Für m erhält man wie beim vorigen Beispiel die Werte: 8,1596; 23,6677; 39,3333 usw.

Somit ergibt sich für T:

$$T = 160 - 300\,s + A_1\left(\cos(8,16\,s) + \frac{1}{16,32}\sin(8,16\,s)\right)e^{-2,96\,t} +$$

$$+ A_2\left(\cos(23,67\,s) + \frac{1}{47,34}\sin(23,67\,s)\right)e^{-24,9\,t} + \ldots\ldots$$

Ist nun die ursprüngliche Temperaturverteilung zurzeit $t = 0$, wie beim vorhergehenden Beispiel derart, daß sowohl an den beiden Oberflächen, wie in der Plattenmitte die Temperatur von 100^0 herrsche, so ergeben sich folgende Gleichungen für die Bestimmung der Koeffizienten A:

$$-60 = A_1 + A_2$$
$$-30 = 0{,}72985\,A_1 - 0{,}69949\,A_2$$

woraus sich $A_1 = -50{,}35$ und $A_2 = -9{,}65$ berechnen.

Damit erhält man für T:

$$T = 160 - 300\,s - (50{,}35\cos(8{,}16\,s) + 3{,}09\sin(8{,}16\,s))\,e^{-2{,}69\,t} -$$
$$- (9{,}65\cos(23{,}67\,s) + 0{,}2\sin(23{,}67\,s))\,e^{-24{,}9\,t}$$

Die ursprüngliche Temperaturverteilung ist in Fig. 19 gezeichnet. Sie stellt sich als die Summe von zwei Cosinuslinien, zwei Sinuslinien und der Geraden $a\,b$ (Fig. 18) dar. Die Sinuslinie $0{,}2\sin(23{,}67\,s)$ konnte in

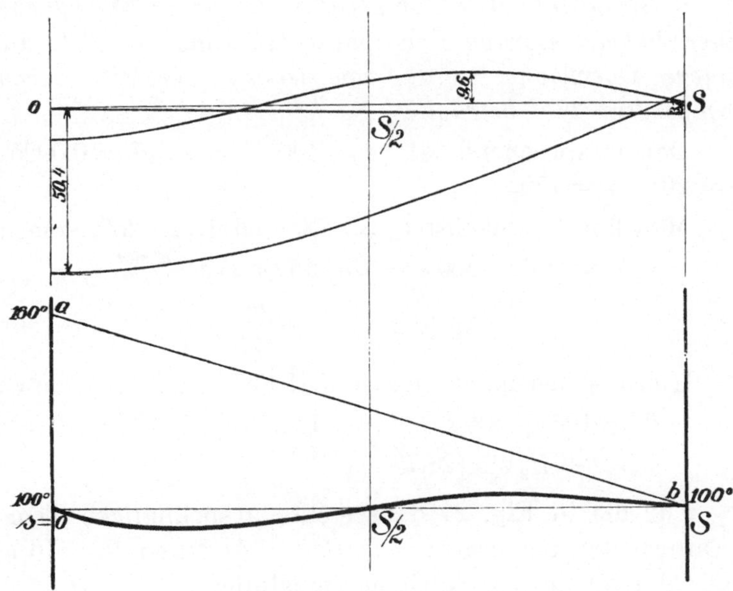

Fig. 18 und 19.

der Fig. 18 nicht dargestellt werden, da ihre größten Ausladungen über die Abszissenaxe nur ein Fünftel der Ordinateneinheit betragen.

Die in Fig. 19 gezeichnete ursprüngliche Temperaturverteilung ist ein mathematisch genaues Spiegelbild der Fig. 16.

Die Umrechnung der Resultate auf andere Materialien und Materialstärken kann bei den Aufgaben, bei denen die Wärmeübergangszahl auf die Oberflächen in Rechnung gezogen werden muß, nicht in so einfacher Weise geschehen wie bei konstanten Oberflächentemperaturen. Dies bedingt der Umstand, daß der Wert von m, der aus der Gleichung

$$\operatorname{tang}(m\,S) = -\frac{\lambda}{h}\,m$$

bestimmt werden muß, sowohl von der Leitfähigkeit λ des Materials wie von der Materialstärke S abhängig ist.

5. Beispiel. *Die Temperatur der einen Oberfläche einer 200 mm starken Betonplatte sei konstant 100⁰, die andere Oberfläche werde von Gasen berührt, deren Temperatur 175⁰ beträgt.*

Dementsprechend ist $\gamma c = 400$; $\lambda = 1$; $a^2 = 0{,}0025$; $h = 20$; $T_a = 175$.

Man findet zunächst $C = 100$ und $D = 300$, somit:

$$T = 100 + 300\,s + B_m \sin(m\,s)\,e^{-a^2 m^2 t}$$

$$\operatorname{tang}(0{,}2\,m) = -\frac{m}{20}$$

Hieraus bestimmt sich $m = 12{,}857$; $26{,}78$; ... usw.

$$T = 100 + 300\,s + B_1 \sin(12{,}86\,s)\,e^{-0{,}413\,t} +$$
$$+ B_2 \sin(26{,}78\,s)\,e^{-1{,}79\,t} + \ldots$$

Für die in Fig. 21 dargestellte ursprüngliche Temperaturverteilung ergibt sich $B_1 = -41{,}0$ und $B_2 = 16{,}7$. Fig. 20 zeigt die zugehörigen Sinuslinien.

Die schließliche Temperatur der von den heißen Gasen berührten Oberfläche beträgt, wie bei dem früheren Beispiel der Eisenplatte, 160⁰, so daß auch die stationäre Temperaturverteilung die gleiche wird. Während aber bei der Eisenplatte der stationäre Zustand bis auf $1/_2{}^0$ Unterschied in etwa $1^1/_2$ Stunden erreicht wird, dauert dies bei der Betonplatte 9,17 Stunden. Der wesentliche

Unterschied des Verhaltens geht aus dem Vergleich der Figuren 17 und 21 hervor. In Fig. 17 sind die Temperatur-

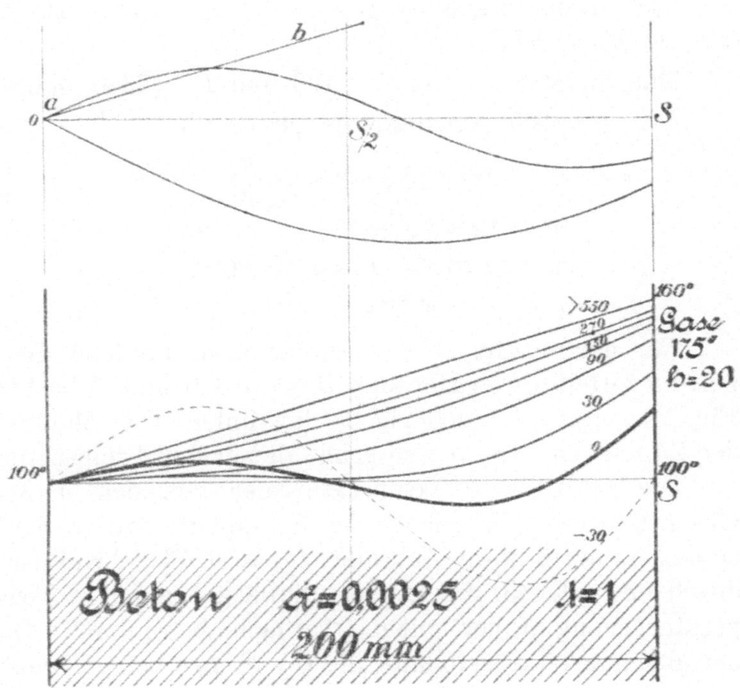

Fig. 20 und 21.

verteilungen in der Eisenplatte nach Ablauf von 10, 20, 30, 40 usw. Minuten dargestellt, wogegen Fig. 21 die Temperaturverteilungen in der Betonplatte nach 30, 90, 150, 210, 270 Minuten zeigt. Die Tangenten der Neigungswinkel der Kurven an der Oberfläche $s = S$, welche das Temperaturgefälle darstellen, betragen bei der Eisenplatte: $^1/_2 (760 - T)$, bei der Betonplatte: $20 (175 - T)$ und werden erst im stationären Zustand bei beiden Platten gleich.

6. Beispiel. *Die Temperatur der einen Oberfläche einer 200 mm starken Betonplatte sei konstant 100⁰, die andere Oberfläche werde von Gasen berührt, deren Temperatur 760⁰ beträgt.*

Dementsprechend ist $\gamma c = 400$; $\lambda = 1$; $a^2 = 0{,}0025$; $h = 20$; $T_a = 760$.

Man findet zunächst $C = 100$ und $D = 2640$, somit:

$$T = 100 + 2640\,s + B_m \sin\,(m\,s)\,e^{-a^2\,m^2\,t}$$

$$\operatorname{tang}\,(0{,}2\,m) = -\frac{m}{20}$$

$$m = 12{,}857;\ 26{,}78;\ \ldots\ \text{usw.}$$

$$T = 100 + 2640\,s + B_1 \sin\,(12{,}86\,s)\,e^{-0{,}413\,t} +$$
$$+\,B_2 \sin\,(26{,}78\,s)\,e^{-1{,}79\,t} + \ldots$$

Für die in Fig. 23 dargestellte ursprüngliche Temperaturverteilung ergibt sich $B_1 = -360$ und $B_2 = 147$. Fig. 22 zeigt die zugehörigen Sinuslinien. Der Maßstab der Längen ist 5000 mal so groß als der der Temperatur.

Die schließliche Temperatur der von den heißen Gasen berührten Oberfläche der Betonplatte beträgt 628⁰, so daß im stationären Zustand stündlich 13.200 Kalorien durch einen Quadratmeter der Platte gehen. Der Temperatursprung an der heißen Oberfläche beträgt 132⁰. Bei der gleichdicken Eisenplatte, die von ebenso heißen Gasen berührt wird (Fig. 17), beträgt der Temperatursprung 600⁰, wobei stündlich 60.000 Kalorien durch einen Quadratmeter der Platte gehen. Der stationäre Zustand bis auf $^1/_2{}^0$ Differenz wird in der Betonplatte erst nach ungefähr 15,9 Stunden erreicht.

Die ursprüngliche Temperaturverteilung in der Platte ist in der Regel durch die Temperaturen einzelner Schichten in verschiedener Tiefe und der Oberflächen der Platte gegeben. Derartiger Temperaturangaben können beliebig viele vorliegen. Aus dem allgemeinen Ausdruck für T ergeben sich damit ebensoviele Bestimmungsgleichungen für die gleiche Anzahl von Werten der Koeffizienten B. Allerdings sind, wie schon

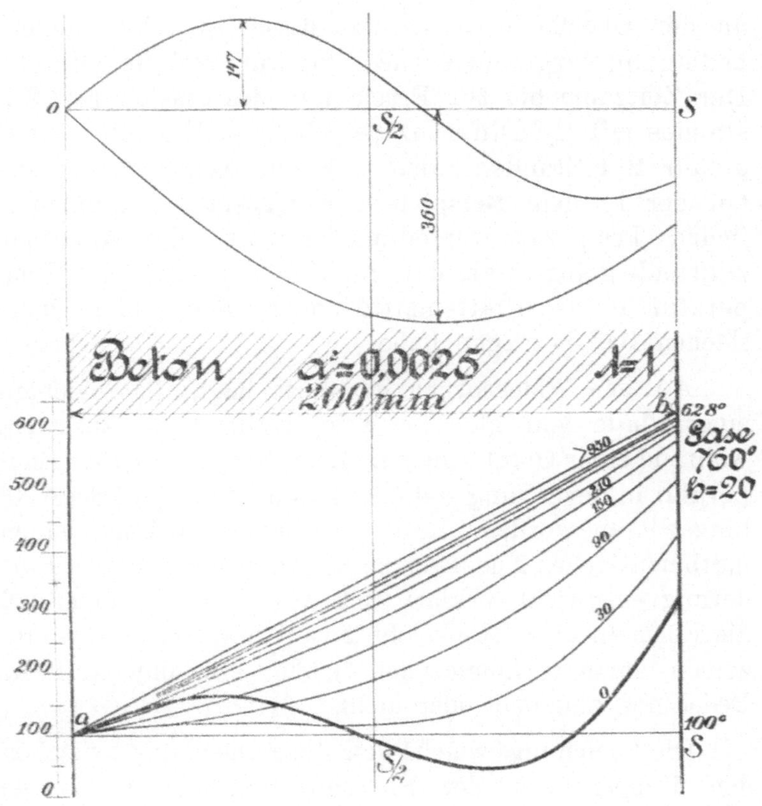

Fig. 22 und 23.

früher auseinandergesetzt wurde, die höheren Glieder der Reihe für die Resultate von geringer Bedeutung. So sind bei dem zuletzt berechneten Beispiel, entsprechend der in Fig. 23 dargestellten ursprünglichen Temperaturverteilung, nur die beiden ersten Glieder der Sinusreihe berücksichtigt worden. Betrachtet man indessen die Reihe als unendlich und ordnet den Werten von $m = 12,857$; $26,78$; $41,55$; $56,65$; $72,0$; $87,5$; ... usw., etwa die Koeffizienten $B = -386,6$; $193,3$; $-128,8$; $96,6$; $-77,3$; $64,4$; -55.2; ... usw. zu, so nähert man sich dem Grenzfall, wobei alle Schichten der Platte ursprünglich die Temperatur von 100° besitzen, während an der Oberfläche $s = S$ das durch die Oberflächenbedingung vorgeschriebene Temperaturgefälle herrscht. Der Zeitraum bis zur Erreichung des stationären Zustandes mit $1/_2{}^0$ Differenz berechnet sich damit zu ungefähr 16,1 Stunden, also nur um wenig länger als bei der in dem Beispiele vorausgesetzten ursprünglichen Temperaturverteilung, welcher die Annahme zugrunde gelegt war, daß zur Zeit $t = -0,5$, die Temperatur in der Plattenmitte und an den beiden Oberflächen 100^0 betragen habe.

Auf den Widerspruch, der darin liegt, alle Schichten einer Platte von gleicher Temperatur vorauszusetzen, während einer Oberfläche mit einem Körper höherer Temperatur in Berührung steht, ist schon früher (auf Seite 20) hingewiesen worden. Daß es trotzdem gelingt, einen mathematischen Ausdruck zu finden, welcher dieser Forderung entspricht, erklärt sich aus dem Umstand, daß die Formeln keine Rücksicht darauf nehmen, ob den einzelnen darin vorkommenden Größen eine physikalische Bedeutung zukommt oder nicht.

Die Gleichung, welche den Zusammenhang zwischen den Temperaturen der Plattenoberfläche und des berührenden Mittels, der Wärmeleitungszahl und des Temperaturgefälles darstellt, lautet:

$$\lambda \frac{\partial T}{\partial s}\bigg|_{s=S} = h\,(T_a - T)$$

Wenn T_a positiv ist, ergeben alle positiven Werte der Variabeln T, die kleiner als T_a sind, und alle negativen Werte von T positive Werte des Differentialquotienten $\dfrac{\partial T}{\partial s}$. Dem Werte $T = -\infty$ entspricht der Differentialquotient $\dfrac{\partial T}{\partial s} = +\infty$ und die Gleichung bleibt erfüllt. Physikalisch haben aber die Werte von T unterhalb von -273^0 keinen Sinn mehr.

Die eigentümliche Form der Kurven, welche bei den behandelten Beispielen die ursprünglichen Temperaturverteilungen in den Platten darstellen, ergibt sich aus den jeweilig zugrunde gelegten Angaben der Temperaturen einzelnen Schichten. Da die Temperatur der berührenden Mittel während des veränderlichen Temperaturzustandes der Platte als konstant vorausgesetzt ist, muß zur Zeit $t = 0$ die Platte schon in Berührung mit dem etwa sehr heißen Mittel gedacht werden. Wenn die Platte früher, d. h. vor dem Zeitpunkt $t = 0$, etwa im Zeitpunkt $t = -z$, in allen Schichten gleichtemperiert war, so mußte dieser Zustand im Verlaufe der Zeit z eine Veränderung erlitten haben. Wenn beispielsweise zur Zeit $t = -z$ eine Platte in allen Schichten die Temperatur von 100^0 besessen hat, zur Zeit $t = 0$ aber in Berührung mit einem Mittel steht, dessen Temperatur 760^0 beträgt, so werden die Temperaturen aller Schichten im Verlauf der Zeit z eine Steigerung erfahren haben, und zwar werden die Temperaturen der einzelnen Schichten nun um so höher sein, je näher sie sich der von dem heißen Mittel berührten Oberfläche befinden und je größer der Zeitraum z war. Man müßte also die Untersuchung zur Zeit $t = 0$ mit einer schon etwas vorgewärmten Platte beginnen. Je nach der Länge der Zeit z, welche die Annäherung oder die Erwärmung des berührenden Mittels erfordert, kann aber der Grad der Anwärmung ein sehr verschiedener sein und innerhalb der tatsächlich möglichen Grenzen ist daher jede beliebige Annahme über die ursprüngliche Temperaturverteilung in der Platte zulässig. Man wird aber bei näherer Prüfung finden, daß nicht alle Temperaturverteilungen, die man sich einbilden kann, tatsächlich möglich sind, und zu solchen unmöglichen Temperaturverteilungen gehört auch die einer in allen Schichten durchaus gleichtemperierten Platte in Berührung mit einem heißeren Mittel. Mathematisch drückt sich dies dadurch aus, daß für die Oberfläche selbst die Temperatur $-\infty$ resultiert.

Eine anschauliche Vorstellung über den Zusammenhang der Oberflächenbedingungen mit den Temperaturgefällen an den Oberflächen gewährt Fig. 24.

Bedeuten h_1 und h_2 die Wärmeübergangszahlen zwischen den Plattenoberflächen und den sie berührenden Mitteln, welche die Temperaturen T_a und T_b besitzen, λ die Wärmeleitungszahl des Plattenmaterials, S die Stärke der Platte, ferner A und B zwei Punkte, deren Ordinaten T_a und T_b und deren Abszissen $-\dfrac{\lambda}{h_1}$ und $S + \dfrac{\lambda}{h_2}$ im Koordinatensystem s, T sind, so stellt die gerade Verbindungslinie dieser Punkte innerhalb

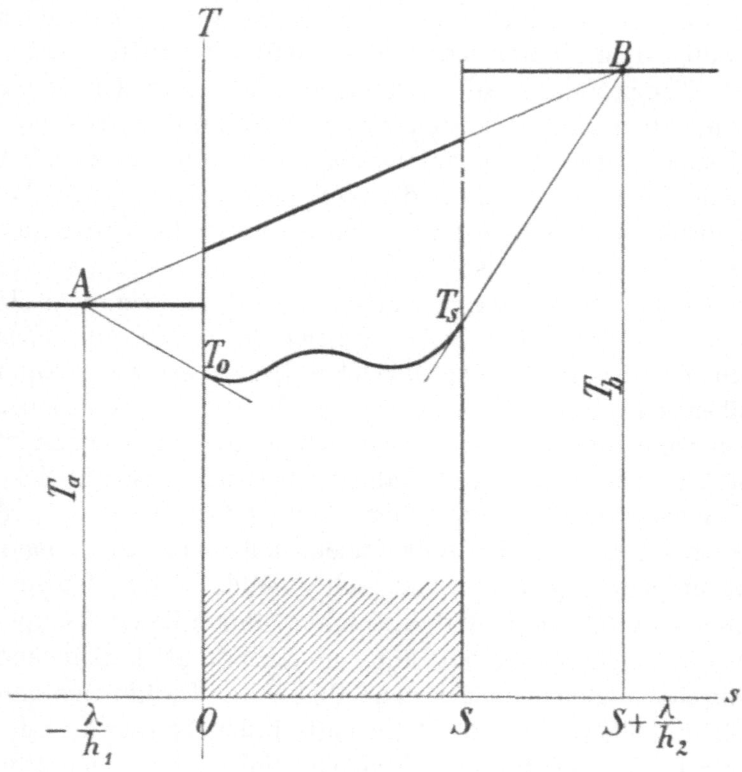

Fig. 24.

der zwischen $s = 0$ und $s = S$ liegenden Strecke die schließlich erreichte lineare Temperaturverteilurg in der Platte dar. Wie immer aber zu beliebiger Zeit die Temperaturverteilung in der Platte gestaltet sei, die Tangenten der Temperaturkurve an den Oberflächen zielen stets nach den Punkten A und B; denn die trigonometrischen Tangenten der Neigungswinkel sind

$$\frac{\partial T}{\partial s}\Big|_{s=0} = -\frac{h_1}{\lambda}(T_a - T_o) \quad \text{und} \quad \frac{\partial T}{\partial s}\Big|_{s=S} = \frac{h_2}{\lambda} T_b - T_s)$$

Die Figuren 21, 23 und die später folgenden Figuren 27, 29 u. a. lassen diese Eigenschaft der Temperaturkurven deutlich erkennen.

Siebentes Kapitel.

Beide Oberflächen werden von Mitteln konstanter Temperatur berührt.

In diesem Falle gilt für die Oberfläche $s = 0$:

$$\frac{\partial T}{\partial s}\bigg|_{s=0} = \frac{h_1}{\lambda}\,(T - T_a), \quad \ldots \ldots \ldots \quad 1)$$

worin h_1 die Wärmeübergangszahl von der Platte zum berührenden Mittel und T_a dessen Temperatur bedeuten.

Für die Oberfläche $s = S$ gilt:

$$\frac{\partial T}{\partial s}\bigg|_{s=S} = \frac{h_2}{\lambda}\,(T_b - T), \quad \ldots \ldots \ldots \quad 2)$$

worin h_2 die Wärmeübergangszahl von der Platte zum berührenden Mittel und T_b dessen Temperatur bedeuten.

Die allgemeinen Gleichungen lauten wie früher:

$$T = T + Ds + A_m \cos(ms)\, e^{-a^2 m^2 t} + B_m \sin(ms)\, e^{-a^2 m^2 t}$$

$$\frac{\partial T}{\partial s} = D - m\, A_m \sin(ms)\, e^{-a^2 m^2 t} + m\, B_m \cos(ms)\, e^{-a^2 m^2 t}$$

Aus diesen erhält man:

$$T_{s=0} = C + A_m\, e^{-a^2 m^2 t}$$

$$\frac{\partial T}{\partial s}\bigg|_{s=0} = D + m\, B_m\, e^{-a^2 m^2 t}$$

Die Bedingungsgleichung 1) ergibt somit wie im vorhergehenden Beispiel:

$$D = \frac{h_1}{\lambda}\,(C - T_a)$$

$$m\, B_m = \frac{h_1}{\lambda}\, A_m$$

Für die Oberfläche $s = S$ gilt:

$$T_{s=S} = C + DS + A_m \cos(mS) e^{-a^2 m^2 t} + B_m \sin(mS) e^{-a^2 m^2 t}$$

$$\frac{\partial T}{\partial s}_{s=S} = D - m A_m \sin(mS) e^{-a^2 m^2 t} + m B_m \cos(mS) e^{-a^2 m^2 t}$$

Aus der Bedingungsgleichung 2) ergibt sich damit:

$$D = \frac{h_2}{\lambda} (T_b - C - DS)$$

Ferner:

$$- m A_m \sin(mS) + m B_m \cos(mS) =$$

$$= - \frac{h_2}{\lambda} \Big(A_m \cos(mS) + B_m \sin(mS) \Big)$$

Dividiert man beiderseits durch cos (mS) und berücksichtigt das oben ermittelte Verhältnis A_m/B_m, so erhält man:

$$\tan(mS) = m \lambda \frac{h_1 + h_2}{m^2 \lambda^2 - h_1 h_2}$$

Die Werte von m sind daraus auf dieselbe Art, wie in den früher behandelten Fällen, graphisch zu ermitteln.

Die Lösung stellt zugleich den allgemeinen Fall dar, in welchem die Lösungen der in den beiden vorhergehenden Abschnitten behandelten Aufgaben enthalten sind. Für $h_2 = \infty$ erhält man

$$\tan(mS) = - \frac{\lambda}{h_1} m,$$

wie für die im VI. Kapitel behandelten Aufgaben, wobei die Temperatur einer Oberfläche konstant erhalten wird. Für $h_1 = h_2 = \infty$ erhält man

$$\tan(mS) = 0, \text{ d. i.}$$

$$m = 0, \frac{\pi}{S}, \frac{2\pi}{S}, \frac{3\pi}{S} \ldots \text{ usw.,}$$

wie für die im V. Kapitel behandelten Aufgaben, wobei die Temperatur beider Oberflächen konstant erhalten wird.

7. Beispiel. *Eine gußeiserne Platte von 200 mm Stärke wird an beiden Oberflächen von Gasen berührt, deren Temperatur 500⁰ beträgt.*

$$T_a = T_b = 500$$
$$\lambda = 40; \ h_1 = h_2 = 20; \ a^2 = 0{,}044.$$

Man erhält zunächst:

$$C = 500; \ D = 0; \ A_m = 2m\,B_m$$

$$\mathrm{tang}\,(0{,}2\,m) = \frac{m}{m^2 - 0{,}25}$$

Die graphische Lösung dieser Gleichung liefert folgende Werte:

$$m = 2{,}21; \ 16{,}02; \ 31{,}57; \ \ldots \ \text{usw.}$$

Damit erhält man:

$$T = 500 + B_1 \left(4{,}4\,\cos\,(2{,}2\,s) + \sin\,(2{,}2\,s)\right) e^{-0{,}218\,t} +$$
$$+ B_2 \left(32{,}05\,\cos\,(16{,}02\,s) + \sin\,(16{,}02\,s)\right) e^{-11.4\,t} + \ldots \ \text{usw.}$$

Die Koeffizienten B sind alsdann, wie bei den früher behandelten Beispielen, nach den über die ursprüngliche Temperaturverteilung vorliegenden Angaben zu berechnen.

Sind die Angaben derart, daß man eine zur Mittelschicht der Platte symmetrische ursprüngliche Temperaturverteilung voraussetzen darf, deren Symmetrie infolge der beiderseitig gleichen Oberflächenverhältnisse auch später nicht gestört wird, so kann die Rechnung etwas vereinfacht werden.

Legt man den Ursprung des Koordinatensystems in die Plattenmitte, so lautet eine Bedingung für jederzeit symmetrische Temperaturverteilung:

$$\frac{\partial T}{\partial s} = 0$$
$$s = 0$$

Damit ergibt sich:

$$T = C + A_m \cos\,(ms)\, e^{-a^2\,m^2\,t}$$

$$\frac{\partial T}{\partial s} = -m\,A_m \sin\left(m\,\frac{S}{2}\right) e^{-a^2\,m^2\,t} = \frac{h}{\lambda}\,(T_a - T)$$
$$s = \frac{S}{2}$$

$$\mathrm{tang}\left(m\,\frac{S}{2}\right) = \frac{h}{\lambda m}$$

Mit den Werten des Ziffernbeispiels erhält man:
$$\cot (0{,}1\,m) = 2\,m$$
$$m = 2{,}2166;\ 16{,}0201;\ 31{,}5744;\ 47{,}2314;\ 62{,}91;\ 78{,}60\ldots\text{usw.}$$
$$T = 500 + A_1 \cdot \cos(2{,}22\,s)\,e^{-0{,}218\,t} + A_2 \cos(16{,}02\,s)\,e^{-11{,}4\,t} + \ldots$$

Hat die Platte ursprünglich sowohl an den beiden Oberflächen wie in der Mitte die Temperatur von 100°, so ist
$$A_1 = -409{,}5 \text{ und } A_2 = 9{,}5.$$

Die ursprüngliche Temperaturverteilung und die Temperaturverteilung nach 1, 2, 3, ... 10, 20 Stunden ist aus Fig. 25 zu entnehmen. Die mittlere Schicht erreicht die Temperatur von $499^1/_2{}^0$ erst nach 30,7 Stunden.

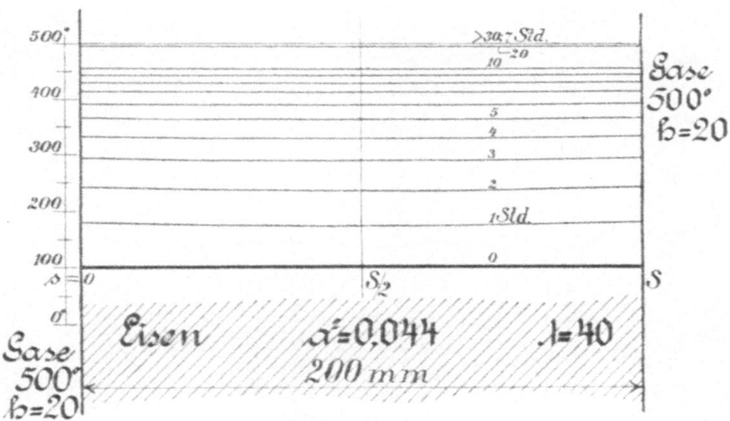

Fig. 25.

8. Beispiel. *Eine Betonplatte von 200 mm Stärke wird an beiden Oberflächen von Gasen berührt, deren Temperatur 500° beträgt.*
$$\lambda = 1;\ h = 20;\ a^2 = 0{,}0025$$
$$\cot(0{,}1\,m) = 0{,}05\,m$$
$$m = 10{,}763;\ 36{,}418;\ 65{,}814;\ 96{,}218;\ \ldots. \text{ usw.}$$
$$T = 500 + A_1 \cos(10{,}76\,s)\,e^{-0{,}29\,t} + A_2 \cos(36{,}42\,s)\,e^{-3{,}32\,t} +$$
$$+ A_3 \cos(65{,}81\,s)\,e^{-10{,}83\,t} + \ldots.$$

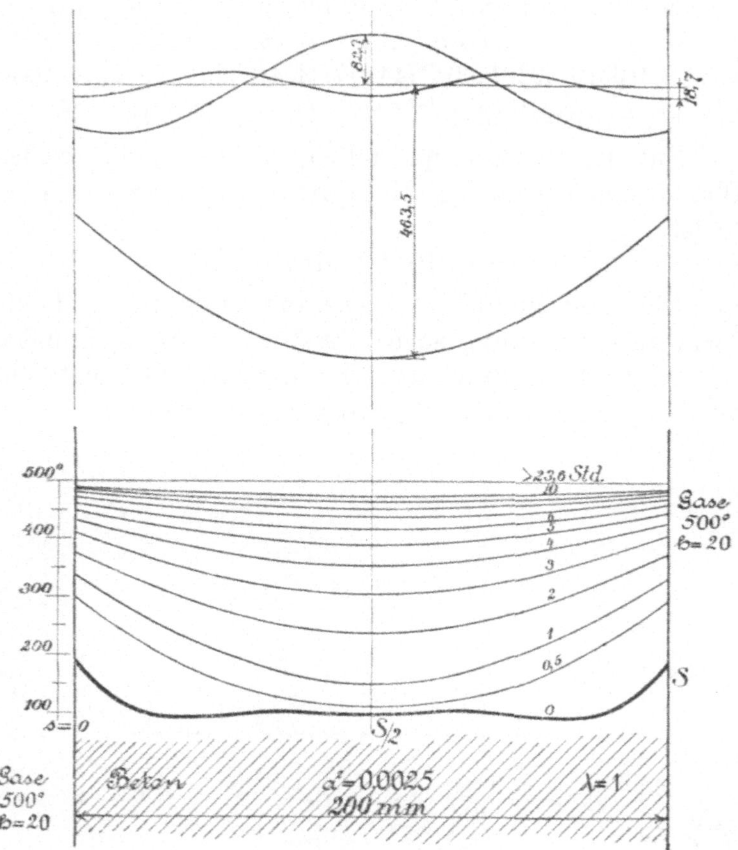

Fig. 26 und 27.

Bei der in Fig. 27 gezeichneten ursprünglichen Temperaturverteilung haben die Koeffizienten A folgende Werte:

$$A_1 = -463{,}55; \quad A_2 = 82{,}29; \quad A_3 = -18{,}74.$$

Fig. 26 zeigt die diesen Werten entsprechenden Cosinuslinien. Die Temperaturverteilungen nach 1, 2, 3, ... 10 Stunden sind aus Fig. 27 zu ersehen.

Die mittlere Schicht erreicht die Temperatur von $499^1/_2{}^0$ nach 23,6 Stunden.

Der Wärmeinhalt der Platte über 0^0 beträgt für 1 qm Oberfläche ursprünglich

$$W_0 = \gamma\,c \int\limits_0^S T\,ds = 9064 \text{ Cal.}$$

Schließlich enthält die Platte, wenn sie auf 500^0 erwärmt ist,

$$W_1 = 500\,\gamma\,c\,S = 40000 \text{ Cal.}$$

Zur Erwärmung ist daher eine Wärmezufuhr von 30.936 Cal. erforderlich. Da die Temperatur der Plattenoberflächen zur Zeit $t = 0$ ungefähr 190^0 beträgt, so fließen der Platte in der 1. Sekunde durch beide Oberflächen 3,4 Cal. zu. Nach 1 Stunde haben die beiden Oberflächen eine Temperatur von 336^0 angenommen und in der 1. Sekunde der 2. Stunde erhält die Platte von den beiden Oberflächen zusammen nur mehr 1,8 Cal.

Anders ist es bei der im 7. Beispiel betrachteten Eisenplatte. Der ursprüngliche Wärmeinhalt der Platte beträgt 18.000 Cal., der schließliche Wärmeinhalt 90.000 Cal. Zur Erwärmung sind somit 72.000 Cal. erforderlich. In der 1. Sekunde gelangen durch die beiden Oberflächen zusammen 4,4 Cal. in die Platte.

Die Temperatur der Oberflächen steigt aber bei der Eisenplatte in der 1. Stunde nur auf 170^0 und in der 1. Sekunde der 2. Stunde fließen der Eisenplatte durch die beiden Oberflächen noch immer 3,3 Cal. zu. Weil aber die Eisenplatte zu ihrer Erwärmung mehr als doppelt soviel Wärme erfordert als die Betonplatte, benötigt sie auch hiezu wesentlich mehr Zeit als diese.

9. Beispiel. Eine gußeiserne Platte von 200 mm Stärke wird an der einen Oberfläche von Wasser berührt, dessen Temperatur konstant 40^0 beträgt, an der anderen Oberfläche von Gasen berührt, deren Temperatur konstant 600^0 beträgt.

Die Wärmeübergangszahlen zwischen der Plattenoberfläche und den sie berührenden Mitteln sind für das

Wasser $h_1 = 1000$, für die Gase $h_2 = 20$. Ferner gelten wie früher:

$$\lambda = 40; \quad S = 0{,}2; \quad a^2 = 0{,}044.$$

Damit erhält man:

$$\operatorname{tang}(0{,}2\,m) = \frac{1020\,m}{40\,m^2 - 500}$$

$$m = 6{,}87; \quad 20{,}257; \quad 34{,}617; \quad 49{,}515; \quad \ldots \ldots \text{ usw.}$$

Ferner: $\qquad C = 50; \quad D = 250$

$$T = 50 + 250\,s + A_1\left(\cos(6{,}87\,s) + 3{,}64\,\sin(6{,}87\,s)\right)e^{-2{,}10\,t} +$$
$$+ A_2\left(\cos(20{,}26\,s) + 1{,}23\,\sin(20{,}26\,s)\right)e^{-18{,}23\,t} +$$
$$+ A_3\left(\cos(34{,}62\,s) + 0{,}72\,\sin(34{,}62\,s)\right)e^{-53{,}26\,t} + \ldots$$

Wenn die Platte ursprünglich an den beiden Oberflächen und in der mittelsten Schicht die Temperatur von 40° besitzt, so ergeben sich aus dieser ursprünglichen Temperaturverteilung die Koeffizienten A, wie folgt:

$$A_1 = -13{,}19; \quad A_2 = 5{,}09; \quad A_3 = -1{,}9.$$

Fig. 28 zeigt die ursprüngliche Temperaturverteilung und die Temperaturverteilungen nach Ablauf von 10, 20, 30 . . . . 60 Minuten. Dem stationären Zustand, wobei die

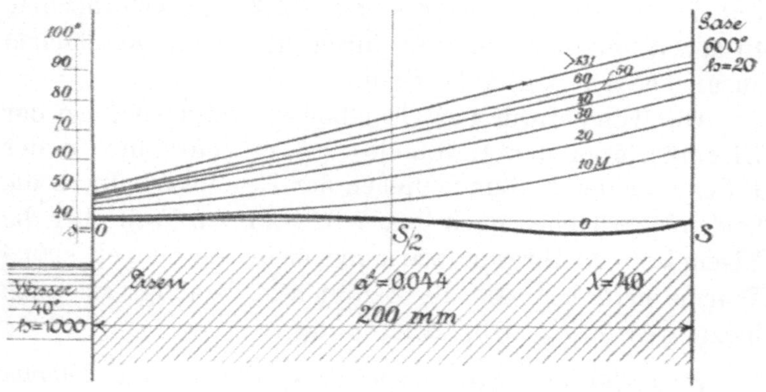

Fig. 28.

von den heißen Gasen berührte Oberfläche eine Temperatur von 100° und die vom Wasser berührte Oberfläche eine Temperatur von 50° erreicht, kommt die Platte nach Ablauf von 2,2 Stunden bis auf $1/2^\circ$ Differenz nahe.

10. Beispiel. *Eine Betonplatte von 200 mm Stärke ist an der einen Oberfläche von Luft berührt, deren Temperatur 20^0 beträgt, an der anderen Oberfläche von heißen Gasen berührt, deren Temperatur 600^0 beträgt und überdies der Strahlung einer gegenüberstehenden 600^0 heißen Wand ausgesetzt. Die Betonplatte hat ursprünglich eine beiläufige Temperatur von 20^0.*

Für den Übergang der Wärme von den Gasen zur Platte gilt die Wärmeübergangszahl $h_1 = 20$. Für die der Berührung und Strahlung ausgesetzte Oberfläche gilt die Wärmeübergangszahl h_2, die mit h_1 in folgendem Zusammenhang steht

$$h_2 \, (T_b - T_s) = h_1 \, (T_b - T_s) + c \, (\vartheta_b^4 - \vartheta_s^4), \quad \text{d. i.}$$
$$h_2 = h_1 + c \, (\vartheta_b + \vartheta_s) \, (\vartheta_b^2 + \vartheta_s^2)$$

worin T_s die veränderliche Temperatur der heißen Plattenoberfläche, c die Strahlungskonstante und ϑ absolute Temperaturen bedeuten, und zwar:

$$\vartheta_b = T_b + 273$$
$$\vartheta_s = T_s + 273$$

Mit den Ziffern des Beispiels gilt für den Anfangszustand

$$h_2 = 20 + c \, (873 + 293) \, (873^2 + 293^2).$$

Die Strahlungskonstante mit $4 \cdot 10^{-8}$ eingesetzt, ergibt $h_2 = 20 + 40 = 60$.

Anderseits erhält man mit $\vartheta_b = \vartheta_s$ den höchstmöglichen Wert von h_2

$$\underset{max}{h_2} = 20 + 4 \, c \cdot 873^3 = 126.$$

Man wird daher als Mittelwert der Wärmeübergangszahl während der Erwärmung der Plattenoberfläche von 20^0 bis nahezu 600^0 etwa $h_2 = 90$ ansetzen dürfen.

Die Temperaturen T_o und T_s der beiden Plattenoberflächen für den schließlich erreichten stationären Zustand, berechnen sich aus der Beziehung, wonach die durch die Platte strömende Wärme ebensowohl gleich der an der heißen Oberfläche einströmenden Wärme, wie der an der kalten Oberfläche ausströmenden Wärme sein muß, nämlich:

$$h_2 (T_b - T_s) = \frac{\lambda}{S} (T_s - T_o) = h_1 (T_o - T_a)$$

$$90 (600 - T_s) = \frac{1}{0,2} (T_s - T_o) = 20 (T_o - 20)$$

$$T_s = 575,3 \text{ und } T_o = 131,08$$

ferner ergibt sich:

$$C = 131,08; \; D = 2221,2; \; B_m = \frac{20}{m} A_m$$

$$\text{tang} (0,2\, m) = \frac{110\, m}{m^2 - 1800}$$

$$m = 12,275; \; 25,50; \; 39,54; \; \ldots \text{ usw.}$$

$$T = 131,08 + 2221,2\, s +$$

$$+ A_1 \big(\cos (12,275\, s) + 1,629 \sin (12,275\, s)\big)\, e^{-0,376\, t} +$$

$$+ A_2 \big(\cos (25,5\, s) + 0,784 \sin (25,5\, s)\big)\, e^{-1,625\, t} +$$

$$+ A_3 \big(\cos (39,54\, s) + 0,505 \sin (39,54\, s)\big)\, e^{-3,91\, t} + \ldots$$

Wenn die Angabe, daß die Temperatur der Platte ursprünglich beiläufig 20^0 betrage, dahin gedeutet wird, daß die Temperatur von 20^0 in den Schichten $s = 0$, $s = \dfrac{S}{2}$ und $s = \dfrac{3\,S}{4}$ herrsche, so berechnen sich daraus die Koeffizienten A und B, wie folgt: $A_1 = -182,9$; $B_1 = -297,8$; $A_2 = 128,3$; $B_2 = 100,5$; $A_3 = -56,5$; $B_3 = -28,6$.

Die ursprüngliche Temperaturverteilung entspricht alsdann der in Fig. 29 stark gezeichneten Kurve. Die übrigen Kurven zeigen die Temperaturverteilungen nach 1, 2, 3, ... 8 Stunden. Der stationäre Zustand, bis auf $0,5^0$ Differenz in der mittelsten Schicht, wird erst nach 17,36 Stunden erreicht.

Aus der Figur geht deutlich hervor, daß die Temperatur der heißen Plattenoberfläche schon zur Zeit $t = 0$ die Höhe von nahezu 460^0 besitzt, so daß die der Rechnung zugrunde gelegte Annahme einer mittleren Wärmeüber-

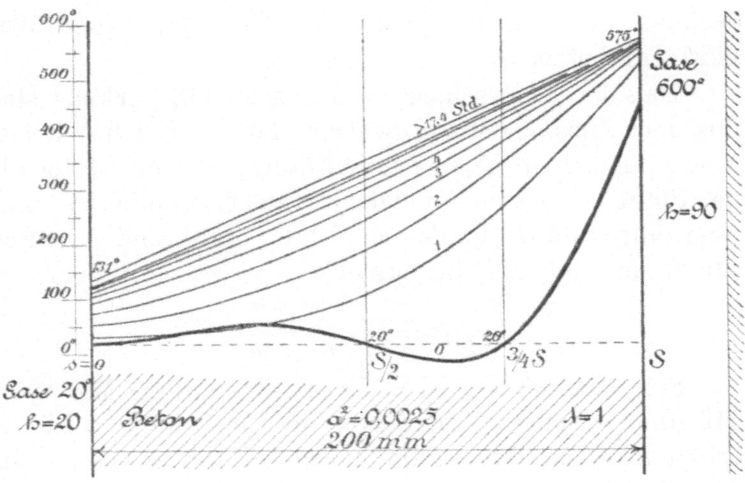

Fig. 29.

gangszahl $h_2 = 90$ wenig zutreffend erscheint. Tatsächlich ergibt sich für die Anfangstemperatur $T_s = 460$:

$$h_2 = 20 + 87 = 107.$$

Als wahrscheinlich zutreffenden Mittelwert hätte man demnach $h_2 = 110$ in die Rechnung einzuführen. Damit erhält man aus der Gleichung:

$$\tan (m\,S) = \lambda\,m\,\frac{h_1 + h_2}{\lambda^2\,m^2 - h_1\,h_2} = \frac{130\,m}{m^2 - 2200}$$

$$m = 12{,}30;\ 25{,}75;\ 39{,}9;\ \ldots$$

und die zeitlichen Werte der Temperaturen:

$$T = 131{,}95 + 2238{,}5\,s +$$

$$+ A_1\left(\cos(12{,}3\,s) + 1{,}62\sin(12{,}3\,s)\right)e^{-0,379\,t} +$$

$$+ A_2\left(\cos(25{,}75\,s) + 0{,}776\sin(25{,}75\,s)\right)e^{-1,66\,t} +$$

$$+ A_3\left(\cos(39{,}9\,s) + 0{,}5\sin(39{,}9\,s)\right)e^{-4,1\,t}$$

Der Unterschied gegen die frühere Berechnung ist sehr gering. Im schließlich erreichten stationären Zustand beträgt die Temperatur der heißen Oberfläche 579,65° C, der kalten Oberfläche 131,95° C. Die Differenzen gegen früher betragen daher nur 4,3 bzw. 0,87° C. Die stündliche durch 1 qm Plattenoberfläche strömende Wärmemenge berechnet sich daraus jetzt mit 2238 Cal., gegenüber 2222 Cal. früher.

Daß der Unterschied so gering ausfällt, erklärt sich aus dem Zusammenhang, welcher zwischen den Wärmeübergangszahlen h_1, h_2, der Leitfähigkeit λ des Materials der Platte, der Dicke S und der daraus ermittelten Wärmeübergangszahl H von dem die Platte berührenden heißen Mittel zum kalten Mittel besteht:

$$\frac{1}{H} = \frac{1}{h_2} + \frac{S}{\lambda} + \frac{1}{h_1}$$

Setzt man einmal $h_2 = 90$ und das andere Mal $h_2 = 110$ und in beiden Fällen $h_1 = 20$, $\lambda = 1$ und $S = 0,2$, so erhält man im ersten Falle $H = 3,83$, im zweiten Falle $H = 3,86$.

Achtes Kapitel.

Die verschiedenen Möglichkeiten der Wärmebewegung durch eine Platte, deren Oberflächen entweder auf konstanten Temperaturen erhalten oder von konstant temperierten Mitteln berührt werden, sind durch die an die in den vorhergehenden Kapiteln behandelten 10 Beispiele geknüpften Erörterungen erschöpft. Innerhalb gewisser Grenzen sind die Figuren, welche die einzelnen Beispiele begleiten, auch für die Lösungen von Aufgaben gültig, denen andere ziffermäßige Angaben zugrunde liegen als diejenigen der Beispiele. Daß die Fig. 5—12 auch für beliebige Materialien und Materialstärken der Platten gelten, sofern als Zeiteinheit a^2/S^2 Stunden gerechnet werden, ist bereits früher erwähnt worden.

Der Temperaturmaßstab kann bei allen Figuren um beliebige Stücke nach oben oder nach unten verschoben werden, wobei die Temperaturen der die Oberflächen berührenden Mittel um das gleiche Maß höher oder tiefer und die Größe C der zugehörigen Temperaturgleichung um den gleichen Betrag größer oder kleiner anzusetzen sind.

Wenn die beiden Oberflächen ihre Rollen vertauschen, gelten die Spiegelbilder der Figuren und anstatt s ist in die zugehörige Gleichung $(S-s)$ einzusetzen.

Als ursprüngliche Temperaturverteilung kann jede beliebige der gezeichneten Kurven oder eine richtig dazwischen eingezeichnete Kurve gelten. Die den einzelnen Kurven beigesetzten Ziffern, welche die verflossenen Zeiten angeben, sind alsdann um den Betrag jener Ziffer

zu vermindern, welcher der gewählten ursprünglichen
Temperaturkurve beigesetzt ist. In der zugehörigen Gleichung ändert sich der Logarithmus der Koeffizienten A
und B um das entsprechende Vielfache des Koeffizienten
von t.

Die Figuren bleiben auch richtig, wenn sie umgedreht, d. h. auf den Kopf gestellt werden, sofern der zugehörige Temperaturmaßstab nicht umgedreht wird. An
die Stelle von Erwärmung tritt alsdann Abkühlung.

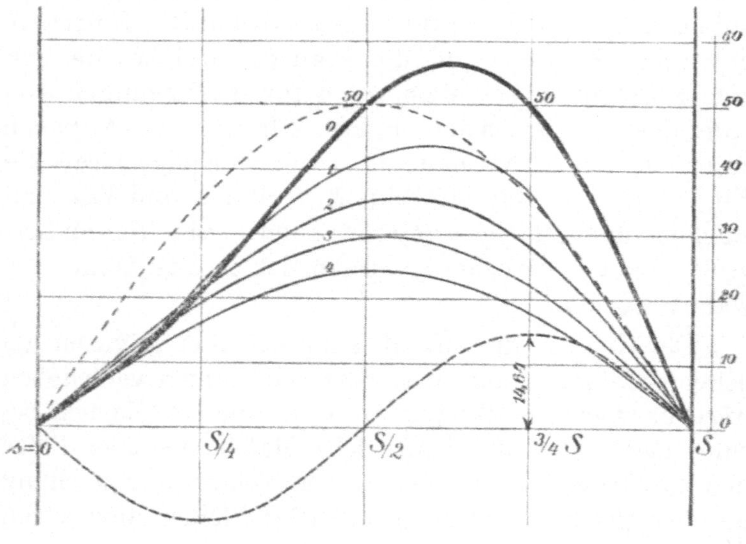

Fig. 30.

So stellt Fig. 30 das umgekehrte Bild von Fig. 6 dar.
Es entspricht der Abkühlung einer Platte, deren Oberflächen konstant auf der Temperatur von 0° gehalten werden, wenn zur Zeit $t = 0$ die Schichten

$$s = \frac{S}{2} \text{ und } s = \frac{3\,S}{4} \text{ die Temperaturen von } 50° \text{ aufweisen.}$$

Die entsprechende Temperaturgleichung lautet

$$T = 50 \sin (15{,}71\,s)\, e^{-10{,}97\,t} - 14{,}64 \sin (31{,}41\,s)\, e^{-43{,}86\,t}$$

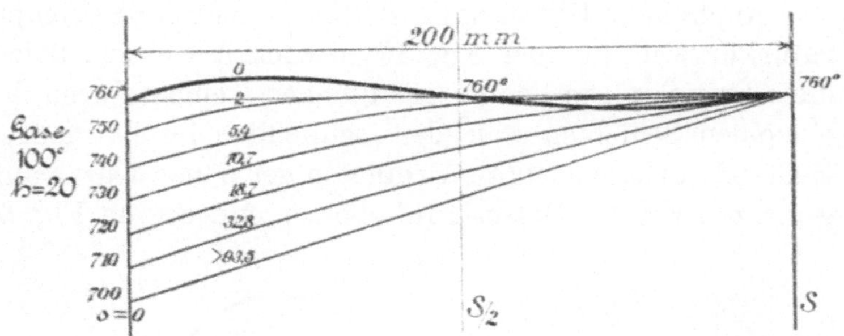

Fig. 31.

Fig. 31 stellt das umgekehrte Bild von Fig. 16 dar. Es entspricht der Abkühlung einer eisernen Platte, die zur Zeit $t = 0$ sowohl an den beiden Oberflächen wie in der mittelsten Schicht die Temperatur von 760° besitzt, an der Oberfläche $s = 0$ von Gasen berührt wird, deren Temperatur 100° beträgt, während die Oberfläche $s = S$ auf der konstanten Temperatur von 760° gehalten wird. Die entsprechende Temperaturgleichung lautet:

$$T = 700 + 300\, s + \big(50{,}35 \cos(8{,}16\, s) + 3{,}09 \sin(8{,}16\, s)\big)\, e^{-2{,}69\, t} +$$
$$+ \big(9{,}65 \cos(23{,}67\, s) + 0{,}2 \sin(23{,}67\, s)\big)\, e^{-24{,}9\, t}$$

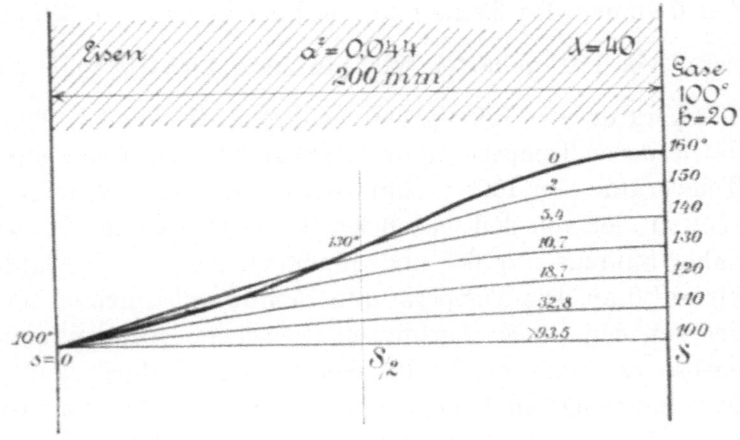

Fig. 32.

Auch die in Fig. 32 dargestellte ursprüngliche Temperaturkurve ist aus der Fig. 16 entwickelt worden, indem die Abweichungen der ursprünglichen Temperaturen der einzelnen Schichten von den schließlich im stationären Zustand vorhandenen als Ordinaten der neuen Kurve aufgetragen wurde. Dieses Bild ebenso wie das in Fig. 33

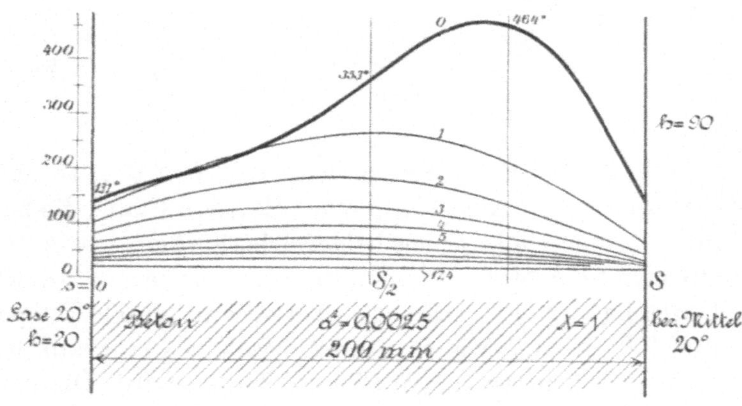

Fig. 33.

gezeichnete ist besonders wichtig. Es stellt den Verlauf der Abkühlung einer eisernen Platte dar, welche zur Zeit $t = 0$ an der Oberfläche $s = 0$ auf der konstanten Temperatur von 100° gehalten wird, in der Schichte $s = \dfrac{S}{2}$ die Temperatur von 130° besitzt, während die andere Oberfläche, deren Temperatur 160° beträgt, von Gasen mit einer Temperatur von 100° berührt wird. Die Temperaturdifferenz an der von den Gasen berührten Oberfläche beträgt daher anfangs nur 60° und nimmt im weiteren Verlaufe bis auf 0 ab. Die Temperaturen sämtlicher Schichten und der von den Gasen berührten Oberfläche nehmen aber ebenso rasch ab, als sie bei dem in Fig. 16 dargestellten Fall zugenommen haben, wobei aber die Differenz zwischen den Temperaturen der heißen Gase und der Plattenoberfläche anfangs 660° und schließlich 600° betragen hat.

Die der Fig. 32 entsprechende Temperaturgleichung lautet:

$$T = 100 + 50{,}5 \sin(8{,}16\,s)\, e^{-2{,}96\,t} - 9{,}6 \sin(23{,}67\,s)\, e^{-24{,}9\,t}$$

Fig. 33, welche auf dieselbe Art wie die vorhergehende Figur aus Fig. 29 entwickelt wurde, stellt den Abkühlungsverlauf einer Betonplatte dar, die zur Zeit $t = 0$ in der von 20⁰ warmen Gasen berührten Oberfläche die Temperatur von 131⁰, in der Schichte $s = \dfrac{S}{2}$ die Temperatur von 353⁰, in der Schichte $s = 3S/4$ die Temperatur von 464⁰ besitzt, während die Oberfläche $s = S$ von einem 20⁰ warmen Mittel berührt wird, für welches die Wärmeübergangszahl $h = 90$ gilt. Die Platte erreicht schließlich in ihrer ganzen Stärke die Temperatur von 20⁰. Die Geschwindigkeit der Temperaturänderungen der Oberflächen und aller Plattenschichten ist aber genau dieselbe wie bei dem durch Fig. 29 des Beispiels 10 betrachteten Fall. Beim Vergleich der Fig. 29 und 33 ist deutlich wahrzunehmen, daß zu gleichen Zeiten nicht nur die Temperaturen selbst in den gleichen Schichten verschieden sind, sondern daß auch die zwischen den einzelnen Schichten bestehenden Temperaturdifferenzen andere sind, so daß sich auch die Temperaturgefälle an den Oberflächen voneinander unterscheiden. Hingegen ist die Abweichung der Temperatur jeder einzelnen Schicht von der Mitteltemperatur ihrer Umgebung in dem Fall der Fig. 29 genau so groß wie im Fall der Fig. 33. Daher ist die Geschwindigkeit der Temperaturänderung in beiden Fällen die gleiche und die Erwärmung der Platte in dem einen Falle nimmt genau dieselbe Zeit in Anspruch wie die Abkühlung in dem anderen Falle.

Neuntes Kapitel.

Die Temperaturen der berührenden Mittel sind veränderlich.

Man kann die Untersuchung auf die beiden Fälle beschränken, daß sich die Temperatur der berührenden Mittel entweder asymptotisch einer bestimmten Grenze nähert oder eine periodische Funktion der Zeit ist. Andere Möglichkeiten sind von geringerer physikalischer und technischer Bedeutung. Aber auch in diesen Annahmen ist eine solche Mannigfaltigkeit der Möglichkeiten enthalten, daß der begrenzte Umfang dieser Studie nur wenige Beispiele, und auch diese nicht erschöpfend, zu behandeln gestattet.

Die Temperatur der berührenden Mittel soll also entweder durch die Formel

$$T_a = M + \Sigma N e^{-pt}$$

oder als periodische Funktion der Zeit durch die Formel

$$T_a = \Sigma A \sin (n\,t + q)$$

gegeben sein.

Die Temperatur des berührenden Mittels nähert sich asymptotisch einer bestimmten Grenze.

Aus der angenommenen Formel:

$$T_a = M + \Sigma N e^{-pt}$$

ergibt sich, daß die Temperatur zur Zeit $t = 0$ durch den Ausdruck

$$T_o = M + \Sigma N$$

und zur Zeit $t = \infty$ durch den Ausdruck

$$T_\infty = M$$

angegeben wird.

Es können nun im allgemeinen beide Oberflächen der betrachteten Platte von Mitteln veränderlicher Temperatur berührt werden, oder es kann die eine Oberfläche auf konstanter Temperatur erhalten werden, während die andere von einem Mittel veränderlicher Temperatur berührt wird; es kann aber endlich auch die eine Oberfläche von einem Mittel konstanter und die andere Oberfläche von einem Mittel veränderlicher Temperatur berührt werden.

Wenn der Übergangswiderstand der Wärme zwischen der Plattenoberfläche und dem berührenden Mittel so gering ist, daß die Wärmeübergangszahl $h = \infty$ angesetzt werden kann, so hat die von dem Mittel veränderlicher Temperatur berührte Plattenoberfläche in jedem Zeitpunkt die Temperatur des berührenden Mittels.

Die Lösungen aller Aufgaben, für welche diese Voraussetzung zutrifft, können aus den bisher mitgeteilten Figuren ohne Schwierigkeit abgeleitet werden. Man kann sich nämlich jede Platte in einer beliebigen Tiefe durch einen parallel zu den Oberflächen geführten Schnitt in zwei Platten zerlegt denken. Jeder der beiden Plattenteile kann alsdann als das den anderen Plattenteil berührende Mittel betrachtet werden.

Zerlegt man also, wie in Fig. 34 dargestellt ist, die früher als Fig. 23 im 6. Beispiel betrachtete Platte, durch den in der Tiefe $s = {}^3/_4\, S$ geführten Schnitt XX in die zwei Teile $\mathfrak{A}$ und $\mathfrak{B}$, so ist $\mathfrak{B}$ für die Platte $\mathfrak{A}$ und $\mathfrak{A}$ für die Platte $\mathfrak{B}$ das berührende Mittel, dessen Temperatur nach dem Gesetze:

$$T_a = 496 - 337{,}2\,e^{-0{,}413\,t} - 112{,}8\,e^{-1{,}97\,t}$$

von 46° beginnend, sich asymptotisch der Grenze von 496° nähert.

Der linke Teil der Fig. 34 stellt daher die zu verschiedenen Zeiten vorhandenen Temperaturverteilungen in einer 150 mm starken Betonplatte dar, die an der einen Oberfläche auf der konstanten Temperatur von 100° gehalten wird, während die andere Oberfläche von einem

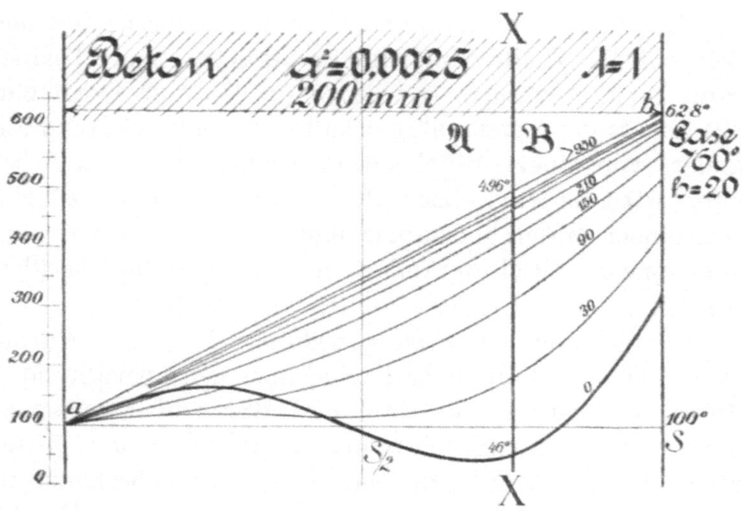

Fig. 34.

gleichtemperierten Mittel berührt wird, dessen Temperatur, von 46° beginnend, sich allmählich der Temperatur von 496° asymptotisch nähert.

Der rechte Teil der Fig. 33 stellt die zu verschiedenen Zeiten vorhandenen Temperaturverteilungen in einer 50 mm starken Betonplatte dar, die an der einen Oberfläche von Gasen berührt wird, deren Temperatur konstant 760° beträgt, während die andere Oberfläche von einem gleichtemperierten Mittel berührt wird, dessen Temperatur, von 46° beginnend, sich allmählich der Temperatur von 496° asymptotisch nähert.

Mit den auf diese Art durch Zerschneidung gewonnenen neuen Figuren kann man auf dieselbe Art verfahren wie mit den alten Figuren; man kann die Maß-stäbe verschieben, man kann die Figuren umdrehen usw. und auf diese Art alle einschlägigen Aufgaben lösen. Man könnte sogar, wenn das Gesetz der Temperaturänderung des berührenden Mittels für zwei Teilfiguren überein-stimmt, selbst wenn diese für verschiedene Plattenmate-rialien gelten, aus den beiden Teilfiguren eine neue Figur zusammensetzen, und hätte alsdann ein Bild der Temperaturverteilung in einer aus zwei verschiedenen Baumaterialien zusammengesetzten Platte. Entsprechend den verschiedenen Wärmeleitungsfähigkeiten der beiden Materialien verlaufen die Temperaturlinien nicht mehr stetig durch die ganze Plattenstärke hindurch, sondern zeigen an der Berührungsstelle der verschiedenen Materialien einen Knick.

Die Betrachtung des Temperaturverlaufes in einer zusammengesetzten Platte, deren Oberflächen auf konstanten Temperaturen erhalten werden, ist insofern von besonderer Wichtigkeit, als dabei die eigentliche Bedeutung der Wärmeübergangszahlen h hervortritt.

Legt man den Ursprung der Koordinaten in die Grenzfläche, in welcher die beiden verschiedenen Plattenmaterialien zusammenstoßen, und bezeichnet mit T_1 und T_2 die Temperaturen in den verschiedenen Schichten der beiden Plattenteile, so hat man bei Weglassung der Summenzeichen folgende zwei allgemeinen Ausdrücke:

$$T_1 = C_1 + D_1 s + A_1 \cos\,(m_1\,s)\,e^{-a_1^2\,m_1^2\,t} +$$
$$+ B_1 \sin\,(m_1\,s)\,e^{-a_1^2\,m_1^2\,t}$$
$$T_2 = C_2 + D_2 s + A_2 \cos\,(m_2\,s)\,e^{-a_2^2\,m_2^2\,t} +$$
$$+ B_2 \sin\,(m_2\,s)\,e^{-a_2^2\,m_2^2\,t}$$

An der Grenzfläche, d. i. für $s = 0$, muß sowohl für $t = 0$ als auch für jeden beliebigen Wert von t die Beziehung bestehen:

$$T_1 \underset{s=0}{} = T_2 \underset{s=0}{}$$

Hieraus ergibt sich zunächst

$$C_1 = C_2;\quad A_1 = A_2;$$
$$a_1^2\,m_1^2 = a_2^2\,m_2^2;$$

a_1^2 und a_2^2 bedeuten wie früher die Temperaturleitungskoeffizienten.

An der Grenzfläche müssen die Temperaturgefälle in folgender Beziehung stehen:

$$\lambda_1\,\frac{\partial T_1}{\partial s} = \lambda_2\,\frac{\partial T_2}{\partial s}$$

Somit ist:

$$\lambda_1\, m_1\, B_1 = \lambda_2\, m_2\, B_2 \quad \text{und} \quad \lambda_1\, D_1 = \lambda_2\, D_2$$

Drückt man nun m_1 durch m_2 aus, so erhält man:

$$B_2 = \frac{\lambda_1\, a_2}{\lambda_2\, a_1}\, B_1$$

Bedeuten S_1 und S_2 die Stärken der beiden Teil-platten, so ergeben sich aus den Bedingungen

$$\frac{\partial T_1}{\partial t}\bigg|_{s=-S_1} = 0 \quad \text{und} \quad \frac{\partial T_2}{\partial t}\bigg|_{s=S_2} = 0$$

die Beziehungen:

$$\frac{A_1}{B_1} = \tan\, (m_1\, S_1) \quad \text{und} \quad \frac{A_2}{B_2} = -\tan\, (m_2\, S_2)$$

Faßt man alles zusammen, so ergibt sich:

$$\tan\, (m_1\, S_1) = -\frac{\lambda_1\, a_2}{\lambda_2\, a_1}\, \tan\left(\frac{a_1}{a_2}\, m_1\, S_1\right)$$

und man erhält schließlich die beiden Ausdrücke, in denen entbehrliche Zeiger und Summenzeichen weg-gelassen sind:

$$T_1 = C + Ds + A\cos\,(m\,s)\, e^{-a^2 m^2 t} + {}$$
$$ + B\sin\,(m\,s)\, e^{-a^2 m^2 t}$$

$$T_2 = C + \frac{\lambda_1}{\lambda_2}\, D\,s + A\cos\left(\frac{a_1}{a_2}\, m\,s\right) e^{-a^2 m^2 t} - {}$$

$$ - \frac{\lambda_1}{\lambda_2}\, \frac{a_2}{a_1}\, B\sin\left(\frac{a_1}{a_2}\, m\,s\right) e^{-a^2 m^2 t}$$

11. Beispiel. Eine 190 mm starke Eisenplatte ist an einer Oberfläche mit einer 10 mm starken Betonschicht überzogen. Diese Oberfläche wird konstant auf einer Temperatur von 300°, die andere Oberfläche auf einer Temperatur von 100° gehalten.

Für die beiden Materialien gelten wie früher folgende **Ziffern:**

$$\text{für Eisen:}\ \lambda = 40; \quad a^2 = 0{,}044;$$
$$\text{für Beton:}\ \lambda = 1; \quad a^2 = 0{,}0025;$$

Man erhält zunächst:

$$C = 164{,}4; \quad D = 339{,}2$$

und für m ergibt sich die Gleichung:

$$\operatorname{tang} (0,19\, m) = -\, 9,4869 \operatorname{tang} (0,0422\, m)$$

Werden mehrere Werte von m gesucht, so empfiehlt sich die graphische Lösung der Gleichung.

Wenn von der ursprünglichen Temperaturverteilung in der Platte etwa nur bekannt ist, daß die Temperatur von 100^0 nicht nur an der Oberfläche $s = 0$, sondern auch in der Schichte $s = 0,1$ vorhanden ist, so genügt ein Wert von m.

Dieser ergibt sich zu $m = 9,54$ und damit erhält man die der ursprünglichen Temperaturverteilung entsprechenden Koeffizienten

$$A = -\, 40; \quad B_1 = 10; \quad B_2 = -\, 93,44$$

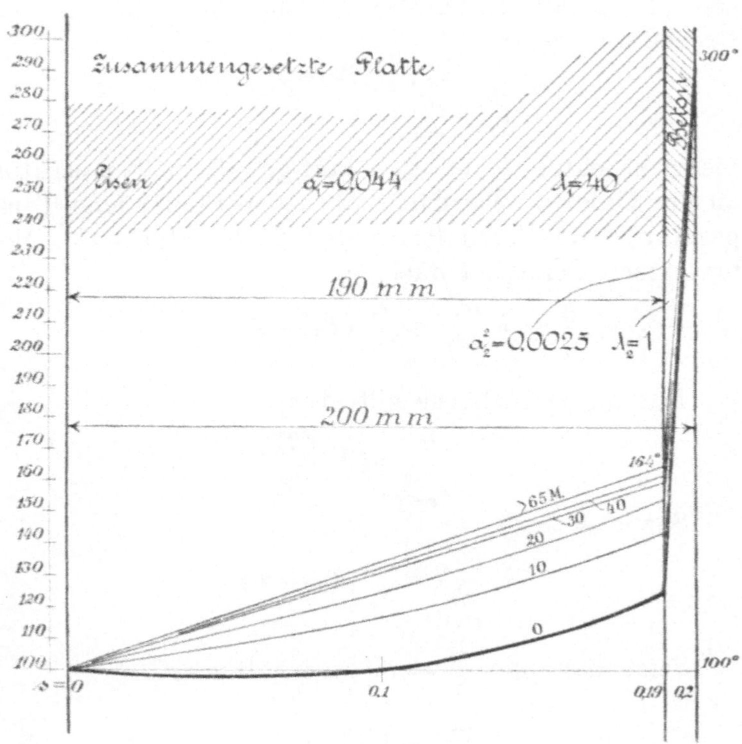

Fig. 35.

Somit lauten die beiden Ausdrücke für T:

$$T_1 = 164{,}4 + 339{,}2\,s - 40\cos(9{,}54\,s)\,e^{-4{,}04\,t} + $$
$$+ 10\sin(9{,}54\,s)\,e^{-4{,}04\,t}$$
$$T_2 = 164{,}4 + 13568\,s - 40\cos(40{,}22\,s)\,e^{-4{,}04\,t} - $$
$$- 93{,}4\sin(40{,}22\,s)\,e^{-4{,}04\,t}$$

Das Bild der ursprünglichen Temperaturverteilung und der Temperaturverteilungen nach Ablauf von 10, 20, 30 und 40 Minuten ist in Fig. 35 gezeichnet. Der stationäre Zustand bis auf $^1/_2$ Grad Differenz in der Grenzfläche wird nach 1,08 Stunden erreicht.

Da die Betonschicht sehr dünn ist, hat das Temperaturgefälle in jedem Zeitpunkte nahezu linearen Verlauf. Man wird daher nur einen sehr kleinen Fehler begehen, wenn man das Temperaturgefälle in der Betonschicht überall gleich dem Temperaturgefälle an der Grenzfläche setzt:

$$\frac{\partial T_2}{\partial s}\bigg|_{s=0} = \frac{T_s - T}{S_2}$$

hierin bedeuten T_s die konstant gehaltene Temperatur an der äußeren Oberfläche, T die veränderliche Temperatur in der Grenzfläche und S_2 die Stärke der Betonschicht. Somit ist auch

$$\lambda_1 \frac{\partial T_2}{\partial s}\bigg|_{s=0} = \frac{\lambda_2}{S_2}(T_s - T)$$

Für die Grenzfläche gilt aber:

$$\lambda_1 \frac{\partial T_1}{\partial s}\bigg|_{s=0} = \lambda_2 \frac{\partial T_2}{\partial s}\bigg|_{s=0}$$

Somit ist auch

$$\lambda_1 \frac{\partial T_1}{\partial s}\bigg|_{s=0} = \frac{\lambda_2}{S_2}(T_s - T)$$

Setzt man nun $\dfrac{\lambda_2}{S_2} = h$, so erhält man

$$\lambda_1 \frac{\partial T_1}{\partial s}\bigg|_{s=0} = h(T_s - T)$$

Dieser Ausdruck ist aber vollständig gleich demjenigen, der für die Berührung einer Plattenoberfläche durch ein Mittel gilt, das die konstante Temperatur T_s besitzt, wenn die Wärmeübergangszahl zwischen Plattenoberfläche und berührendem Mittel gleich h ist.

Für die Temperaturverteilungen zu verschiedenen Zeiten in der eisernen Platte müßte man daher annähernd dasselbe Resultat erhalten wie früher, wenn die Aufgabe nunmehr folgendermaßen lautete: Es sind die Temperaturverteilungen zu verschiedenen Zeitpunkten in einer eisernen Platte von 190 mm Stärke zu bestimmen, wenn die eine Oberfläche der Platte auf der konstanten Temperatur von 100^0 gehalten wird, während die andere Oberfläche von einem Mittel berührt wird, dessen Temperatur konstant 300^0 beträgt, wobei die Wärmeübergangszahl zwischen Plattenoberfläche und berührendem Mittel

$$h = \frac{\lambda_2}{S_2} = 100 \text{ ist.}$$

Dergleichen Aufgaben sind im VI. Kapitel dieser Studie behandelt worden.

Für die Werte von m gilt dort die Beziehung:

$$\operatorname{tang}(mS) = -\frac{\lambda}{h} m$$

Setzt man also die für die eiserne Platte gültigen Werte $S = 0{,}19$; $\lambda = 40$ und $h = 100$ in diese Gleichung ein, so erhält man

$$\operatorname{tang}(0{,}19\,m) = -0{,}4\,m$$

und daraus als ersten Wert von m

$$m = 9{,}6,$$

womit sich nahezu die gleichen Temperaturverteilungen wie früher ergeben.

Die Bedeutung der Wärmeübergangszahl für flüssige und gasförmige Mittel ist somit vollkommen klar. Ein wirklicher Temperatursprung an der Grenze zweier Mittel hat niemals statt. Tatsächlich ist die Temperatur der Oberfläche einer Platte mit der Temperatur des berührenden Mittels an der Oberfläche vollkommen gleich, dagegen herrscht in einer diese Oberfläche berührenden sehr dünnen Schicht des flüssigen oder gasförmigen Mittels *dauernd* ein lineares Temperaturgefälle, wie immer auch die Temperaturverteilung in der übrigen großen Masse des strömenden und bewegten Gas- oder Flüssigkeitskörpers beschaffen sei. Denn der Wärmeausgleich in Gasen und Flüssigkeiten vollzieht sich nicht durch Leitung, sondern durch Konvektion und Mischung.

Wenn hingegen zwei feste Körper verschiedener Temperatur miteinander in Berührung gebracht werden, so stellt sich im Augenblick der Berührung ihrer Oberflächen an diesen allsogleich eine Temperatur her, deren Höhe sich folgendermaßen bestimmt.

An der Oberfläche des Körpers K_1 (Fig. 36) herrsche vor der Berührung die Temperatur T_1, deren Höhe durch die Ordinate des Punktes T_1 gemessen sei, an der Oberfläche des Körpers K_2 herrsche vor der Berührung die Temperatur T_2. Im Augenblick der Berührung der beiden Körper stellt sich an der Oberfläche beider Körper die Temperatur T her und das in den zwei sehr dünnen

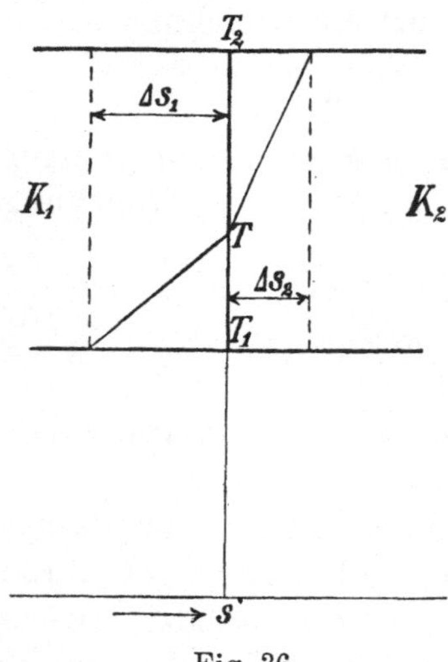

Fig. 36.

Schichten Δs_1 und Δs_2 der beiden Körper augenblicklich herrschende Temperaturgefälle kann als lineares Gefälle betrachtet werden. Seien nun λ_1, γ_1 c_1 und λ_2, γ_2, c_2 Wärmeleitungszahlen, spezifische Gewichte und Wärmekapazitäten der beiden Körper, so ergibt sich aus der Erwägung, daß der Wärmeverlust des einen Körpers gleich dem Wärmegewinn des anderen Körpers ist, die Beziehung

$$\gamma_1 c_1 . \Delta s_1 (T - T_1) = \gamma_2 c_2 . \Delta s_2 (T_2 - T)$$

Die linearen Temperaturgefälle in den beiden Materialien verhalten sich umgekehrt wie die Leitfähigkeiten der Materialien:

$$\frac{T-T_1}{\Delta s_1} : \frac{T_2-T}{\Delta s_2} = \lambda_2 : \lambda_1$$

Führt man die Temperaturleitfähigkeit $a^2 = \dfrac{\lambda}{\gamma c}$ in die Gleichungen ein, so erhält man

$$\frac{T-T_1}{T_2-T} = \frac{a_1}{a_2}\,\frac{\lambda_2}{\lambda_1} = \sqrt{\frac{\gamma_2}{\gamma_1}\,\frac{c_2}{c_1}\,\frac{\lambda_2}{\lambda_1}}$$

$$\text{oder } T = \frac{\dfrac{\lambda_1}{a_1}\,T_1 + \dfrac{\lambda_2}{a_2}\,T_2}{\dfrac{\lambda_1}{a_1} + \dfrac{\lambda_2}{a_2}}$$

Die Änderung der an der Berührungsfläche beiden Körpern gemeinsamen Temperatur vollzieht sich nach der Berührung, infolge der Wärmeleitung der Materialien, entsprechend den an den übrigen Körperoberflächen herrschenden Bedingungen.

Zehntes Kapitel.

Die Temperatur des berührenden Mittels ist eine periodische Funktion der Zeit.

Es ist leicht einzusehen, daß in diesem Falle nicht nur die Temperatur der Plattenoberfläche, sondern auch die Temperatur jeder beliebigen Schichte der Platte eine periodische Funktion der Zeit sein muß.

Für eine in der Entfernung s vom Koordinatenursprung befindliche Schichte gelte die allgemeine Gleichung

$$T = U \sin (nt + q)$$

Sie bedeutet, daß die Temperatur der Schichte zwischen den Grenzen $+U^0$ und $-U^0$ wechselt, daß somit U die Amplitude der Temperaturschwingung angibt. Die Temperatur von $+U^0$ herrscht in der Schichte in den Zeitpunkten, für welche $nt + q = \dfrac{\pi}{2}, \dfrac{5\pi}{2}, \dfrac{9\pi}{2} \ldots$ usw. ist.

Die Zahl n gibt die Frequenz der Schwingungen an, d. h. die Anzahl Schwingungen in 2π Stunden. Die Dauer einer Schwingung ist somit

$$\mathfrak{T} = \frac{2\pi}{n} \text{ Stunden.}$$

Zu allen Zeitpunkten, welche um die gleichen Zeiträume $\mathfrak{T}$ oder ganze Vielfache derselben auseinanderliegen, befindet sich die Schichte in gleicher Phase der Temperaturschwingung und hat daher die gleiche Temperatur wie um $\mathfrak{T}$ Stunden vorher.

Wenn die Temperaturschwingungen einer Plattenschichte, etwa die einer oberflächlichen Plattenschichte, die einzigen Ursachen der Temperaturänderungen in den übrigen Schichten sind, so ist die Schwingungsdauer für alle Schichten die gleiche. Die Zahl n in der allgemeinen Gleichung ist somit eine von s unabhängige Größe. Hingegen sind die Größen U und q, d. h. die Amplitude der Temperaturschwingung in irgendeiner Schichte und die zu einer bestimmten Zeit in einer Schichte herrschende Schwingungsphase als Funktionen der Entfernung s dieser Schichte vom Koordinatenursprung anzusehen.

Der Zusammenhang der Temperaturen einer Schichte mit den Temperaturen der benachbarten Schichten ist durch die Fouriersche Fundamentalgleichung der Wärmeleitung bestimmt:

$$a^2 \frac{\partial^2 T}{\partial s^2} = \frac{\partial T}{\partial t}$$

Aus der allgemeinen Gleichung ergibt sich:

$$\frac{\partial T}{\partial t} = U n \cos (nt + q)$$

$$\frac{\partial T}{\partial s} = \frac{dU}{ds} \sin (nt + q) + \frac{dq}{ds} U \cos (nt + q)$$

$$\frac{\partial^2 T}{\partial s^2} = \left[\frac{d^2 U}{ds^2} - U \left(\frac{dq}{ds} \right)^2 \right] \sin (nt + q) +$$

$$+ \left(2 \frac{dU}{ds} \cdot \frac{dq}{ds} + \frac{d^2 q}{ds^2} \right) \cos (nt + q)$$

Die Fouriersche Gleichung ist erfüllt, wenn

$$\frac{d^2 U}{ds^2} = U \left(\frac{dq}{ds} \right)^2 \quad \text{und}$$

$$2 a^2 \frac{dU}{ds} \cdot \frac{dq}{ds} + a^2 \frac{d^2 q}{ds^2} = Un \quad \text{ist.}$$

Führt man eine neue Konstante m ein und setzt

$$\left(\frac{dq}{ds} \right)^2 = m^2 = \frac{n}{2 a^2}, \quad \text{so ist} \quad \frac{d^2 q}{ds^2} = 0 \quad \text{und}$$

$$\frac{dU}{ds} = Um, \quad \text{somit:}$$

$$\frac{dU}{U} = m\, ds$$

$$U = A\, e^{\, ms}$$

Ferner ergibt sich aus $\dfrac{dq}{ds} = m$

$$q = ms + p$$

worin p eine Konstante ist.

Man erhält daher den allgemeinen Ausdruck:

$$T = A \sin (2\,a^2 m^2 t + ms + p)\,e^{ms}$$

Die Amplitude der Schwingung ist demnach $A\,e^{ms}$, somit um so größer, je größer s ist. Die Temperaturwelle pflanzt sich daher, wenn man die positiven Entfernungen s von links nach rechts mißt, in der Richtung von rechts nach links fort. Setzt man $-m$ statt m, so fällt die Fortpflanzungsrichtung der Welle mit der Richtung der positiven s zusammen. Die Fortpflanzung der Schwingung darf nicht mit der Strömung der Wärme verwechselt werden. Soferne man mit den wechselnden Temperaturen der Schichten die Vorstellung eines Wärmestromes verknüpft, ist die Richtung desselben in verschiedenen Tiefen der Platte eine verschiedene, indem im Verlaufe einer ganzen Schwingung die Richtung des Stromes in den einzelnen Schichten zu verschiedenen Zeiten einmal wechselt.

Wenn man zwei Koeffizienten in die Gleichung einführt, so zwar, daß $A \cos p$ statt A und für B der Wert $A \sin p$ gesetzt wird, so erhält man die für die Berücksichtigung mancher Oberflächenbedingungen geeignetere Form:

$$T = A \sin (2\,a^2 m^2\,t + ms)\,e^{ms} +$$
$$+\, B \cos (2\,a^2 m^2\,t + ms)\,e^{ms}$$

Nachdem Temperaturschwankungen in einer Platte ebensowohl von der einen wie von der anderen Oberfläche, auch von beiden zugleich ihren Ursprung nehmen können, erhält die Gleichung die erweiterte Form:

$$T = A \sin (2\,a^2 m^2 t + ms + p)\,e^{ms} +$$
$$+\, A_1 \sin (2\,a^2 m_1^2 t - m_1 s + p_1)\,e^{-m_1 s}$$

Zieht man als Ursprung der Temperaturschwingungen vorläufig nur die Oberfläche $s = 0$ in Betracht, so lautet der hiefür gültige Ausdruck:

$$T = A \sin (2\,a^2 m^2 t - ms + p)\,e^{-ms}$$

An der Oberfläche $s = 0$ herrscht zurzeit $t = 0$ die Temperatur $T = A \sin p$. Die Temperatur $0°$ herrscht an der Oberfläche, so oft

$$2\,a'\,m^2\,t + p = K\pi \text{ ist,}$$

worin K irgendeine ganze Zahl bedeutet. Die Temperatur $0°$ herrscht aber auch zur Zeit t in allen denjenigen Schichten, für welche

$$2\,a^2\,m^2\,t - ms + p = K\pi \text{ ist.}$$

Wenn also $K\pi + ms_1 = (K+1)\pi$ ist, so ist die Temperatur in der Schichte s_4 immer dann $0°$, wenn auch in der Schichte $s = 0$ die Temperatur von $0°$ auftritt. Da im Verlaufe einer ganzen Schwingung die Temperatur von $0°$ zweimal durchschritten wird, ist die Wellenlänge der Temperaturschwingung

$$\mathfrak{L} = \frac{2\,\pi}{m} \text{ Meter.}$$

Die Fortpflanzungsgeschwindigkeit der Temperaturwelle ist daher $\mathfrak{L}/\mathfrak{T} = n/m$ Meter in der Stunde.

Die Größe m stellt den Dämpfungskoeffizienten der in der Platte stattfindenden Temperaturschwingung dar. Die Anzahl der in 2π Stunden stattfindenden Schwingungen ist $n = 2a^2\,m^2$; die Dämpfung ist daher um so geringer, je langsamer die Schwingungen erfolgen und je größer der Temperaturleitungskoeffizient des Plattenmateriales ist. Langsame Schwingungen dringen tiefer in das Material ein als schnelle, obwohl die Fortpflanzungsgeschwindigkeit für schnellere Schwingungen größer als für langsame ist. Dafür ist auch die Wellenlänge der rascheren Schwingungen kleiner als die der langsamen.

Wenn die Schwingung in der Oberfläche $s = 0$ nicht um die Mitteltemperatur von $0°$, sondern um eine Mitteltemperatur von $T_1°$ erfolgt, hat man, da der Nullpunkt der Temperaturskala ganz arbiträr ist:

$$T = T_1 + A \sin (2\,a^2\,m^2\,t - m\,s + p)\,e^{-ms}$$

Das zweite Glied dieses Ausdruckes stellt demnach die durch die periodischen Temperaturschwankungen an der Oberfläche herbeigeführten Abweichungen der Temperaturen der Plattenschichten von dem Temperaturgleichgewicht in der Platte dar. Ein solches Temperaturgleichgewicht herrscht aber in einer ebenen Platte in allen Fällen des linearen Temperaturverlaufes, der durch den Ausdruck $T_1 = C + Ds$ dargestellt ist.

Da die Schwingung nicht notwendigerweise eine einfache Sinusfunktion der Zeit sein muß, sondern ganz beliebigen Verlauf haben kann, und da auch die Oberfläche $s = S$ als Ursprung einer Temperaturschwingung gelten kann, gibt man dem allgemeinen Ausdruck für den Temperaturverlauf zweckmäßig folgende Form:

$$T = C + Ds +$$
$$+ \Sigma\, A_m \sin\left(2\,a^2\,m^2\,t + ms + p\right) e^{\,ms}$$

worin m und p alle möglichen positiven und negativen Werte haben können.

Elftes Kapitel.

Der einfachste Fall der Herbeiführung periodischer Temperaturveränderungen in einer Platte liegt vor, wenn die Oberfläche der Platte von einem Mittel berührt wird, dessen Temperatur selbst eine periodische Funktion der Zeit ist:

$$T_a == B \sin (ct) + E$$

Also etwa beispielsweise:

$$T_a = 100 \sin (80 \pi\, t) + 200$$

d. h. die Temperatur des die Platte berührenden Mittels durchläuft in der Stunde 80 mal alle Temperaturen zwischen 100 und 300⁰ C.

Die Dauer einer Schwingung beträgt daher $1^1/_2$ Minuten. Bedeuten nun wie früher h die Wärmeübergangszahl zwischen Platte und berührendem Mittel, λ den Wärmeleitungskoeffizienten, a^2 den Temperaturleitungskoeffizienten der Platte, so besteht für die Oberfläche $s = 0$ die Beziehung:

$$\lambda \frac{\partial T}{\partial s}_{s=0} = h\, (T - T_a)_{s=0}$$

Da die Wärmeübergangszahl h die Leitungsvorgänge in einer dünnen Schichte des berührenden Mittels umfaßt, ist die Frequenz der Schwingung in der Plattenoberfläche und in der ganzen Platte dieselbe wie in dem berührenden Mittel. Daher ist $2a^2 m^2 = c$, somit

$$m = \frac{1}{a} \sqrt{\frac{c}{2}}$$

Hingegen ist vorauszusehen, daß die Amplitude der Schwingung in der Plattenoberfläche kleiner als im berührenden Mittel sein wird und daß die Phase der Schwingung in der Plattenoberfläche hinter jener des Mittels zurückbleibt.

Aus der allgemeinen Gleichung ergibt sich

$$T_{s=0} - \frac{\lambda}{h}\frac{\partial T}{\delta s}\Big|_{s=0} = A\left(1 + \frac{\lambda}{h}\,m\right)\sin(2\,a^2 m^2 t + p) +$$

$$+ A\,\frac{\lambda}{h}\,m\cos(2\,a^2 m^2 t + p) + C - \frac{\lambda}{h}\,D$$

Setzt man nun:

$$A\left(1 + \frac{\lambda}{h}\,m\right) = B\cos q \quad \text{und} \quad A\,\frac{\lambda}{h}\,m = B\sin q,$$

so erhält man:

$$T_{s=0} - \frac{\lambda}{h}\frac{\partial T}{\partial s}\Big|_{s=0} = B\sin(2\,a^2 m^2 t + p + q) + C - \frac{\lambda}{h}\,D$$

Dieser Ausdruck muß gleich T_a sein

$$T_a = B\sin(2\,a^2 m^2 t) + E$$

Daraus bestimmt sich zunächst:

$$C - \frac{\lambda}{h}\,D = E \quad \text{und} \quad p = -q$$

Durch Division von $B\sin q$ durch $B\cos q$ erhält man:

$$q = \text{arc tang}\,\frac{\lambda m}{h + \lambda m}$$

$$A = \frac{h}{\lambda m}\,B\sin q$$

12. Beispiel. *Eine Betonplatte von 200 mm Stärke wird an der einen Oberfläche von Gasen berührt, deren Temperatur 200° beträgt, während die andere Oberfläche mit Gasen in Berührung steht, deren Temperatur zwischen 100 und 300° periodisch wechselt.*

Wenn zwischen den einzelnen Zeitpunkten, in denen die Temperatur der Gase 300° beträgt, $1^1/_2$ Minuten verstreichen, so lautet die Bedingungsgleichung:

$$T_a = 100\sin(80\pi\,t) + 200$$

Ist die Wärmeübergangszahl zwischen Gasen und Platte $h = 20$ und gelten für Beton die Werte $\lambda = 1$ und $a^2 = 0{,}0025$, so berechnet sich

$$m = 20 \sqrt{40\,\pi} = 224{,}14$$

$$q = \text{arc tang}\; \frac{224{,}14}{244{,}14} = 0{,}742 = 42^{0}\,30'$$

$$A = \frac{20}{224{,}14} \cdot 100 \sin q = 6{,}04$$

Der Temperaturverlauf in der Platte wird daher durch folgende Gleichung ausgedrückt:

$$T = 6{,}04 \sin (80\,\pi\,t - 224\,s - 0{,}742)\, e^{-224\,s} + 200$$

In der Plattenoberfläche ist daher die Amplitude nur 6^{0}, die Temperatur schwankt dort nur innerhalb der Grenzen von 194 und 206^{0}. Die Phase bleibt um $42^{0}\,30'$ hinter der Phase der Gastemperatur zurück. Die Mitteltemperatur von 200^{0} wird daher um 11 Sekunden später durchschritten, als die Gase durch die Mitteltemperatur gehen. Mit zunehmender Entfernung von der Oberfläche nimmt die Amplitude der Temperaturschwankung rasch ab. Die Entfernung der Schichte, in welcher die Amplitude nur mehr ein Zehntel-Grad beträgt, berechnet sich aus

$$224\,s = \log \text{nat}\; 60{,}4$$
$$s = 0{,}018$$

mit 18 mm. Nachdem also schon in 18 mm Tiefe die Temperaturschwingung nahezu erloschen ist, beeinflußt sie die andere Oberfläche der Platte gar nicht. Das Resultat wäre genau dasselbe, wenn an jener Oberfläche die sie berührenden Gase ähnliche Temperaturschwankungen gleicher Frequenz um dieselbe Mitteltemperatur aufwiesen. Die Temperaturwelle pflanzt sich mit einer Geschwindigkeit von 1,122 m in der Stunde in das Innere der Platte fort.

Wesentlich anders stellen sich aber die Verhältnisse dar, wenn die Schwankungen der Temperatur langsamer vor sich gehen. Wenn die Temperatur der Gase, welche die Platte berühren, etwa nur alle zwei Stunden ihre maximale Höhe von 300^{0} erreicht, so dringt die Wirkung, wie dies leicht einzusehen ist, bedeutend tiefer in die Platte. Die entsprechende Gleichung lautet alsdann:

$$T_a = 100 \sin (\pi t) + 200$$

und man erhält: $\qquad m = 25{,}06$

$$q = 0{,}507 = 29^0 \, 5'$$

$$T = 38{,}8 \sin (\pi t - 25 \, s - 0{,}507) \, e^{-25 \, s} + 200$$

An der von den Gasen wechselnder Temperatur berührten Oberfläche schwankt die Temperatur der Platte zwischen 161 und 239° und in der Tiefe von 200 mm, d. i. an der anderen Oberfläche, beträgt die Amplitude der Temperaturschwingung noch 0,26 Grad. Wenn diese Oberfläche aber auf der konstanten Mitteltemperatur von 200° gehalten wird, macht sich eine allerdings sehr geringe weitere Dämpfung der Temperaturschwankungen der Platte geltend. Die Fortpflanzungsgeschwindigkeit in der Temperaturwelle beträgt 0,125 m in der Stunde. Das Bild von acht, je eine Viertelstunde auseinanderliegenden Phasen der Temperaturverteilung in der Platte ist in Fig. 36 dargestellt. Aus der Aufeinanderfolge ist deutlich zu erkennen, wie sich die Temperaturwelle in die Tiefe der Platte fortpflanzt.

Wenn die Amplitude der Schwingungen an der Oberfläche $s = 0$ so groß und der Dämpfungskoeffizient m so klein ist, daß die Temperaturschwankungen an der anderen Plattenoberfläche noch erheblich groß sind, so pflanzen sich die Schwingungen nach Maßgabe der Wärmeübergangszahl und der Leitfähigkeit des diese Oberfläche berührenden Mittels in diesem Mittel selbst fort.

Betrachtet man die in Fig. 37 dargestellte Platte von 200 mm Stärke durch den Schnitt $X\,X$ in die zwei Teile $\mathfrak{A}$ und $\mathfrak{B}$ zerlegt, so kann jeder der beiden Teile für den anderen als berührendes Mittel gelten.

Die auf diese Art in dem berührenden Mittel hervorgerufenen Schwingungen, welche nun die Fortsetzung der in der Oberfläche $s = 0$ bestehenden Schwingungen sind, wirken auf diese nicht zurück. Hingegen kann das die Oberfläche $s = S$ berührende Mittel Einflüssen unterworfen sein, die dasselbe, ganz unabhängig von den

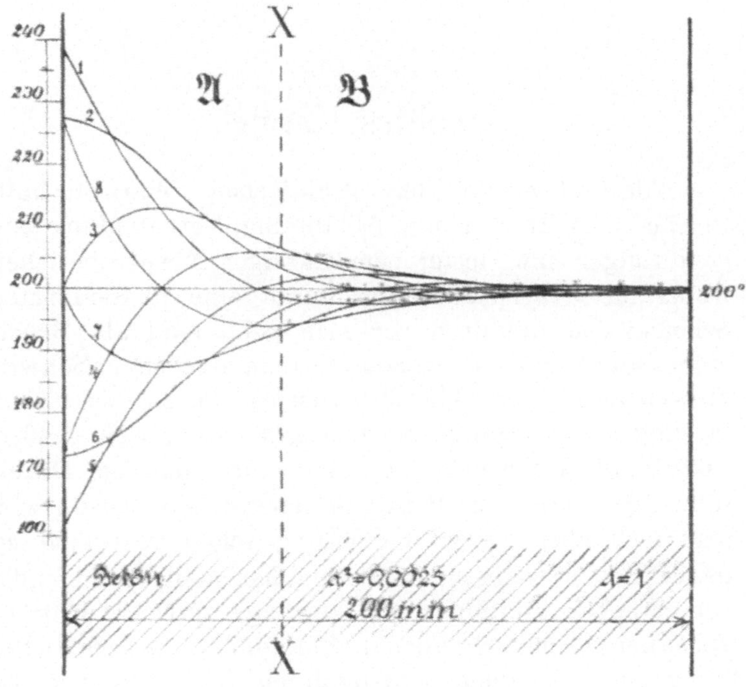

Fig. 37.

durch die Platte übermittelten Schwingungen, in einer
Temperaturschwingung erhält, die sich alsdann in einer
der früheren entgegengesetzten Richtung durch die Platte
bis zur Oberfläche $s = 0$ und weiter fortpflanzt. Die
jeweilige Temperaturverteilung in der Platte stellt sich
alsdann als die Summe der, gleichen Zeitpunkten entsprechenden Phasen beider Schwingungen dar.

Zwölftes Kapitel.

Alle Vorgänge der praktischen Wärmetechnik, welche in der Erwärmung, Abkühlung, Verdampfung usw. gasförmiger bzw. fester oder flüssiger Körper bestehen, wobei die Wärmemitteilung durch eine plattenförmige Scheidewand hindurch vor sich geht, sind als Bruchstücke von Perioden derartig zusammengesetzter Schwingungen anzusehen. Allerdings ist es, um zu dieser Auffassung der Vorgänge zu gelangen, nötig, weit größere Zeiträume in Betracht zu ziehen, als einmalige Durchführungen derartiger Prozesse umfassen. Immerhin wird man sich aber dieser Auffassung schon bedeutend genähert haben, wenn man die scheinbar stetig verlaufenden sogenannten „stationären" Vorgänge durch Anfügung der ihnen vorhergehenden und folgenden veränderlichen Vorgänge zu einem vollständigen Spiel ergänzt, bei welchem der Endzustand des Systems mit dem Anfangszustand identisch ist.

Jeder Dampfkessel muß, sofern er seinen Zweck erfüllt, einmal angeheizt und nach entsprechend langer Betriebszeit wieder der Abkühlung überlassen werden. In dem Zeitraume, der von einem Anheizen bis zum nächsten Anheizen reicht, findet in den Eisenplatten des Kessels eine mehrfache Temperaturschwankung statt, die als Schwingung um eine Mitteltemperatur anzusehen ist. Freilich wird die Kurve dieser Temperaturschwingung nicht dem regelmäßigen Bild einer Sinuslinie gleichen; wie immer sie aber gestaltet sein mag und so ungleich auch ihre beiden Periodenhälften aussehen mögen, sie kann unter allen Umständen als eine Summe mehr oder weniger zahlreicher Sinuslinien dargestellt werden. Was von den Eisenplatten des Dampfkessels gilt, gilt auch von den die Eisenplatten berührenden gasförmigen und tropfbarflüssigen Mitteln und auch von den Mauerplatten der Umfassungswände des Kessels. In allen Teilen gehen Temperaturschwingungen vor sich, die als die Übereinanderlagerung außerordentlich vieler Temperaturwellen kleiner und großer Wellenlänge, verschiedenster Amplituden, niedriger und hoher Frequenz zu betrachten sind. Denn ebenso wie in den vorhergehenden Kapiteln jede beliebige ursprüngliche Temperaturverteilung in den Schichten einer Platte als eine Summe verschiedener Sinuslinien darstellbar war, ist auch jeder beliebige, mit der Zeit veränderliche Verlauf der Oberflächentemperatur einer Platte oder der zeitliche Temperaturverlauf des die Oberfläche berührenden Mittels als Summe verschiedener Sinuslinien darstellbar.

Nun erhält auch der in den früheren Kapiteln benützte Begriff der „ursprünglichen Temperaturverteilung" eine gänzlich veränderte Bedeutung. Denn das, was früher ursprüngliche Temperaturverteilung genannt wurde, stellt nur eine einzige Phase in dem immerfort wechselnden Temperaturzustand einer Platte dar. Ebenso sind die augenblicklichen Zustände der die Oberflächen einer Platte berührenden Mittel als Phasen der wechselnden Temperaturzustände dieser Mittel zu betrachten und eine beispielsweise Voraussetzung konstanter Temperatur ist in Wahrheit eine Umschreibung der Vernachlässigung sehr langsamer Temperaturänderung.

Ob man nun die Temperatur eines Körpers bloß als ein Kennzeichen seines Wärmezustandes oder als sinnfälliges Merkmal der Bewegung der kleinsten Körperteilchen betrachten will, es ist keinerlei Hypothese über die Natur eines beweglichen Wärmestoffes nötig, da mit der Zurückführung der Wärmeleitungsvorgänge auf Zustandsänderungen, die sich nach der Art von Schwingungen fortpflanzen, ihre Beschreibung erschöpft ist.

Von einem „Wärmestrom" kann nun keine Rede mehr sein, man hat es nur mehr mit periodischen Temperaturänderungen zu tun und was man früher gewohnt war, als „stationäre Strömung" der Wärme durch eine Platte anzusehen, kann nur als eines jener einzelnen Bruchstücke einer vollen Temperaturschwingungsperiode gelten, in welchen die Änderungen der Temperaturen mit sehr kleiner, praktisch nicht mehr meßbarer, immerhin aber endlicher Geschwindigkeit geschehen.